小户型设计

那些事儿

王伟　著

江苏凤凰美术出版社

序

我非常高兴地介绍我的学生王伟这本关于住宅设计的书，之前在意大利我们就讨论过相关的话题，这在许多国家都是一个大众关心的问题。王伟的这本书介绍了他将自己独创性的设计应用在小户型的案例上，这些户型在结构中有着共同的特征。

在书中，王伟采用魔方和太空舱相结合的设计理念，对有限空间进行极致的探索，并用极其创新的设计手法玩转空间，不仅如此，他还创作了优化且多变的家具模块。这让我想起西方设计史中关于这个主题的具体理论：从瓦尔特·格罗皮乌斯的“存在主义最小值”到理性主义建筑师的研究，再到 20 世纪六七十年代室内建筑师的实验。

本书中有多个设计案例是王伟在电视改造类节目中的设计成果，这些有意思的设计改变了人们对家庭装修固有的印象，让大众对生活和家居空间有了更深层次的认识和追求。随着中国城市居民生活水平的提高，人们越来越关注生活质量。事实上，我们意识到，家不仅是一个情感场所，而且用勒·柯布西耶（Le Corbusier）的话来说“房屋是居住的机器”，因此设计师必须深入研究空间布局，以满足各种功能需求。要打破常态化的家居空间格局，以创造更多的流动性空间，用于打造可以满足不同个人和家庭需求的多变的场景模式。换句话说，在一天中的不同时间，你可以在同一空间内享受到不同场景模式的体验，这一点在王伟的书中就有很多体现。

近年来，我有幸多次参加设计大赛的评审，深刻体会到中国室内设计学科的积极发展。除了各种公共空间，住宅设计也一直受到高度关注，特别是小户型的设计更是大众关心的话题。在住宅中，创新使用家具作为划分和配置空间的设计手法越来越普及，在这本书中，王伟通过自己的设计将各种解决方案转化为实践。

我非常高兴写下这些文字，希望王伟能够经常来到米兰，来了解米兰业内最新的设计趋势，同时也希望他能有时间来大学向我们的学生展示他的设计。事实上，培养新一代，以期对其他文化和不同的背景持开放态度是非常有必要的。

在米兰和北京开展的教育活动中，实际上可以了解不同的市场，并据此处理我们不同的需求，希望将来我的中国学生也能够超越国界工作，也许能够以建设性的方式出现在米兰设计周上。事实上，在我看来，王伟的这本书与国家提高人民生活质量的愿景是完全一致，这不仅在中国，在全世界也是一样的。

阿图罗·德拉奎亚·拜拉维提斯（Arturo Dell’Acqua Bella vitis）

米兰理工大学设计学院 原院长

米兰年展设计博物馆馆长

米兰家具展总评委

前言

什么是正确的设计观?

所谓设计观，是人们对设计的理解与看法。其实很多人都对“室内设计”这个词缺乏正确的理解，人们通常都会把它同“装修”或“装饰”混为一谈，觉得“装修”或“装饰”就是室内设计。实则不然，所谓装修或装饰其实是实现设计的过程，如门口放鞋柜、餐厅装个水晶灯、客厅放沙发、卧室铺设木地板，这些并不是设计，而是室内空间的装饰方案。

室内设计是一个多门类、多工种的综合性学科，它包含了建筑、艺术、空间规划以及人机工程、机电工程、土木工程、装饰美学等，设计师通过研究人们的居住习惯去解决问题，通过理性的分析和感性的创作而落成项目。

总而言之，装修不是室内设计，装饰也不是室内设计，它们都只是室内设计中的一个环节。

那怎样才算是一个合格的室内设计呢? 这其中“合格”的定义又是什么呢? 你认为的合格，不一定适合他人，他人认为的合格，你也不一定喜欢。所以简单来说，如果把居住者作为评委，以他的喜好作为评判标准，那么评委不同，评判标准不同，结果自然也不同。

基于此，我们得出一个结论，正确的设计观是以人为本的。人是设计的中心，改善人在空间的居住体验，满足人在空间的居住需求，让人们享受到设计带来的便利与舒适，这样的设计就是正确的设计，这样的设计观就是正确的设计观。

作为一名室内设计师，我总是想着把自己的想法和经验分享给大家。但不管是写成文字还是录制视频，都不理想，总感觉缺点什么。因为如果只是大致概括，那么内容会很泛泛；如果全是理论，那么内容会很空洞；想要干货满满就得展开来说，这样又会显得有些枯燥。后来想起了《明朝那些事儿》，觉得可以写一本“设计装修那些事儿”，把设计的想法和思路，以及烦琐枯燥的装修过程都用简洁有趣的文字记录下来，形成一本通俗易懂的设计装修实用指南，所以就有了此书。

近年来，从新媒体到传统媒体都非常关注小户型的空间设计，因为这是当下民居的主流话题和大多数人的实际需求。我这两年也做了不少有意思的小户型空间设计，同时也参加了多档家居设计纪实类的电视节目，如中央电视台财经频道的《秘密大改造》《空间榜样》、北京卫视的《暖暖的新家》、字节跳动旗下住小帮的《住意一下》《极致装修》等。

通过这些小户型空间设计，我为很多家庭解决了户型缺点和居住问题，同时也积累了很多“老破小”的设计经验，现将这些经验整理成《小户型设计那些事儿》，至于大户型的设计，我也在着手整理成书，期待早日与读者见面。

王伟

目录

第一章

小户型设计三要素

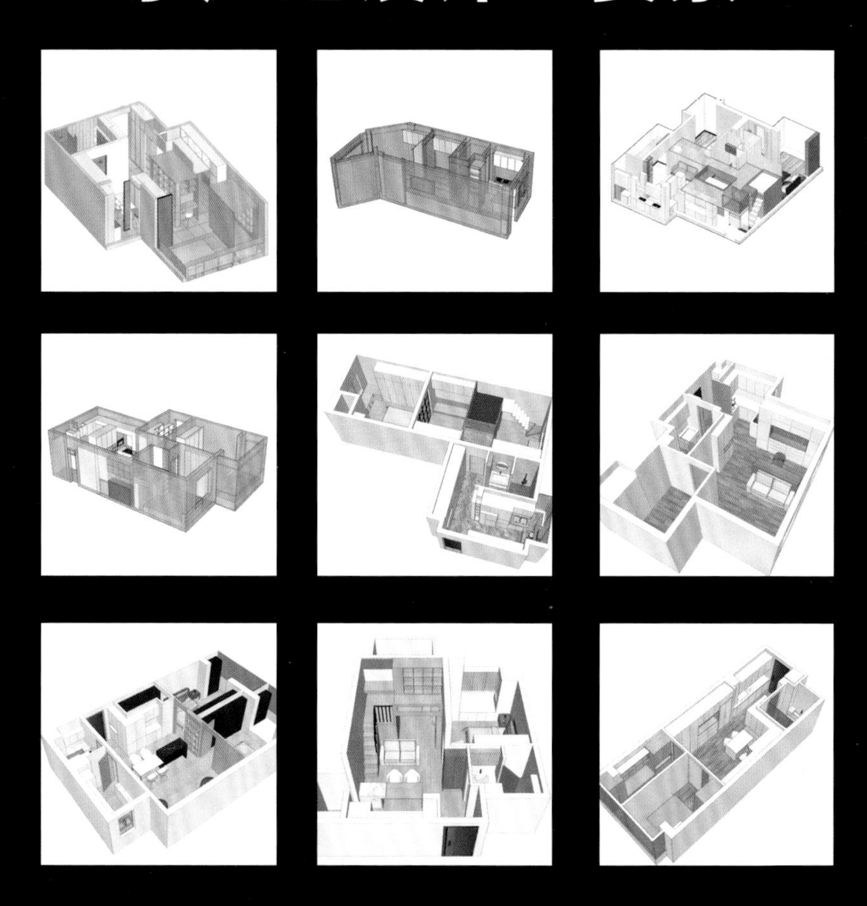

我们对房子的大小都有着一样的追求，很多人不管买了多大面积的房子都觉得不够大，所以才会出现一些房主冒着违建的风险加建、扩建。然而在现实中，大多数人面临的问题却是房子真的不够大、不够住。不仅如此，部分房子房龄较高，格局也不再适合当代人的生活和居住习惯。

“我的钱就够买这么大的房子，但不代表我的居住需求也只有这么多……”这是大多数房主的心声，也是设计师要攻克的难题。

通过这些年的设计创新和对细节的把控，我总结出了“小户型设计三要素”，对症下药，才能药到病除。

1. 小户型的定义

小户型是由普通户型改造而来的，在普通户型的基础上将空间进行删减压缩，尽可能地保留必要的功能空间，是具有相对完全配套功能的“小面积住宅”。

由于小户型一般被看作是过渡型产品，所以并没有明确的面积标准，但通常不会超过 100 m^2。

不同地区小户型面积统计表

北京	上海	广州	香港
30 ~ 70 m^2	60 ~ 70 m^2	50 ~ 80 m^2	25 ~ 40 m^2

2. 小户型的基本矛盾

因为小户型面积有限，所以即便其包含基本的功能空间，也会因为面积狭小而进行缩减。特别是一些“老破小”，面积小不说，楼龄比居住者年龄还大，布局也并不适合当代人的生活习惯。实际需求与空间面积不匹配，从而产生了以下矛盾。

① 原始户型布局和实际居住需求的矛盾。

② 空间大小和功能需求的矛盾。

③ 老房子的布局和新生活方式的矛盾。

这些矛盾也造成了小户型功能空间混乱、动线重叠、收纳空间不够等一系列弊病。

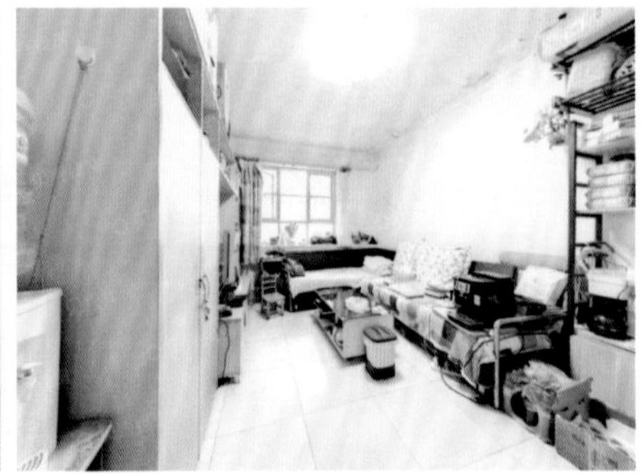

3. 小户型设计的三要素

了解了小户型的面积区间和基本矛盾点之后，下面就来聊一聊做小户型设计时应该注意的关键点，可称之为“小户型设计的三要素”。

（1）功能需求在空间中的最大化利用

空间面积就这么大，想要将所有的功能空间全部放进去是不现实的，所以我们要抓大放小，抓住空间的主要功能需求，然后通过设计的手法最大限度地将其实现。以下是总结出来的三种方法。

① 取舍。通过居住者的生活习惯了解居住者的真实需求，剔除一些非必要的需求。

② 整合。将多种功能需求放入一个空间内，使空间的功能更加多元化。比如，书房兼客卧，厨房兼餐厅等。

③ 时间轴。我们可以把时间看作一个轴线。在同一空间内，不同的时间切换至不同的使用功能，以达到同一空间的复合利用。举个例子，我们每天使用餐厅的时间大多是固定的，除去这些时间段，餐厅其实一直都是闲置的，这时就可以通过简单的调整安排其他功能。比如，学习、办公或者喝茶等。运用时间差对单个空间进行复合利用，可以最大限度地满足功能需求。

这个理念在多口之家中非常实用。当家庭成员居家时，无论是办公、学习、健身、饮食，都需要在同一空间内完成，那么就要求空间具有多元化的场景模式，简单来说就是塑造百变空间。

客厅、餐厅和阳台其实是最适合以时间轴概念进行打造的空间。因为这三个空间在不同的时间段里可以呈现不同的场景模式，所以这也就意味着我们需要打破常规的思维模式，根据时间轴对空间作出不同的画像，最终设计出一个只需简单调整就能适合所有时间轴的场景方案。

（2）提升空间利用率

首先，在一个户型中，难免会有一些利用率很低的“灰空间”，它们存在于空间的边边角角，拥有着单一的功能，是空间中比较鸡肋的角色。比如，家里的阳台、玄关、过道以及部分顶部空间。这些“灰空间”往往单个面积不大，但加在一起却十分可观。

其次，固有的思维也会造就“灰空间”。比如，柜子不是越大越能装，有些柜子虽然看着很大，但实际应用起来并不方便，而且有时还会因为高度等问题造成拿取困难，久而久之，利用率自然下降。

所以，做好小户型设计不仅要最大化地满足功能需求，而且还要提升户型中“灰空间”的利用率。要有针对性地规划储物空间，集合性地划分功能空间，在有限的空间内最大限度地提升空间利用率。

（3）平衡度

前两个要素相对容易理解和量化，最后这个是最重要的也是最难处理的。那就是通过设计将功能和需求进行整合。既能满足多种功能的使用需求，又能保障空间的舒适度和美观度。因为过于追求功能化，美感就会差一点，过于追求美感，可能就会忽略功能性和实用性，所以掌握好这个度很重要。这需要设计者具备专业的人机工程理论、良好的空间尺度和深厚的美学修养。这样才能设计出一个“实力与美貌”并存的家。

以上是小户型设计的三要素，相信大家已经对此有了初步的了解，接下来就从实际案例出发，讲讲这些要素是怎么应用的。

“魔方舱”

“魔方舱”概念的灵感源于魔方和太空舱。魔方是大家小时候经常玩的益智玩具，六个面的立方体每一面都呈现出不同的色彩，可以随意变换。由此启发我将多种功能模块组合在一起，形成一个新的魔方，魔方的每个面都能满足不同功能的使用需求，并可以随意重组转换。而太空舱则是给人“对接”的灵感，可以通过两个或多个空间对接来组合和延展空间。

魔方和太空舱的概念结合后形成可以巧妙使用和分配空间的“魔方舱”，“魔方舱”可以应用在不同的空间环境下，并根据需求演变出不同的设计版本。

魔方舱 2.0——立面对接

破解 38 m^2，五口人的居住难题

这是一个北漂家庭的房子，38 m^2 的开间里，入住了祖孙三代共五口人。38 m^2，除去厨房和卫生间，剩余面积仅 28.5 m^2。如果采用常规的设计方式，房间会被分割得狭小压抑，采光和通风都成问题。

采用“魔方舱”的概念进行设计，在空间中置入两个悬浮的“魔方舱”，通过“魔方舱”的组合模块和对空间的划分来实现多功能空间的配置，例如书房、客厅、卧室等，为这个小户型实现了六大功能升级。

户型结构： 开间
所在地区： 北京市
建筑类型： 钢筋混凝土结构板楼
使用面积： 38 m^2
户型层高： 2.60 m
常住人口： 夫妻俩 + 爷爷奶奶 +3 岁男孩

扫码查看相关视频

WORLD TRAVEL
Tomorrow
TRAVEL
IF HEART IS A CITY
CENTURY

▶户型分析

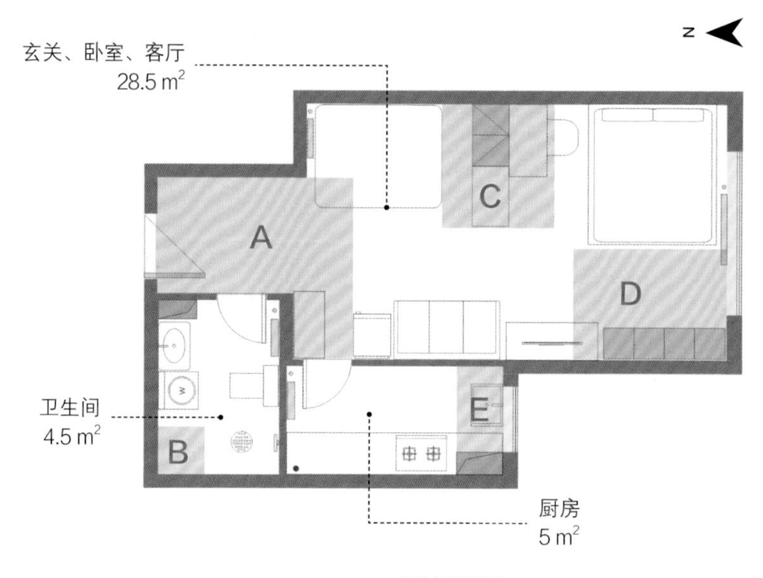

原始平面图

户型优点

1. 户型整体布局方正，南向采光。
2. 有独立带窗的厨房。
3. 卫生间面积相对宽敞。

户型问题

A. 玄关处的储物空间无明显规划，导致物品堆积，空间利用率低。
B. 卫生间无明显规划，造成空间浪费，利用率低。
C. 衣柜和书桌的布局既占用面积，又降低了空间的利用率。
D. 简易储物格，高度不够导致上部空间没有被充分利用，且储物格与床之间形成死角，动线不够灵活，利用率较低。
E. 柱盆式水槽，占地面积大且无储物空间，还容易造成清洁死角。
F. 缺少生活阳台。

未利用空间约 $14.2\ m^2$
占整体面积的 37.4%

房主需求

1. 需要三个相对独立的卧室。
2. 需要安静的办公空间。
3. 需要舒适的就餐空间。
4. 需要充足的储物空间。
5. 需要孩子的活动空间。
6. 需要晾晒空间。

设计理念

原始功能分区

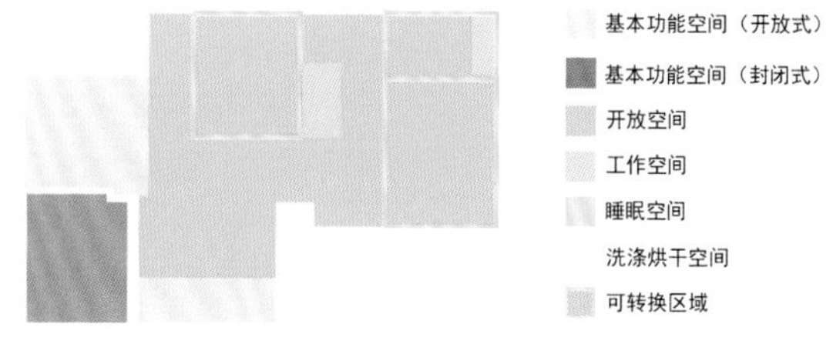

改造后的功能分区

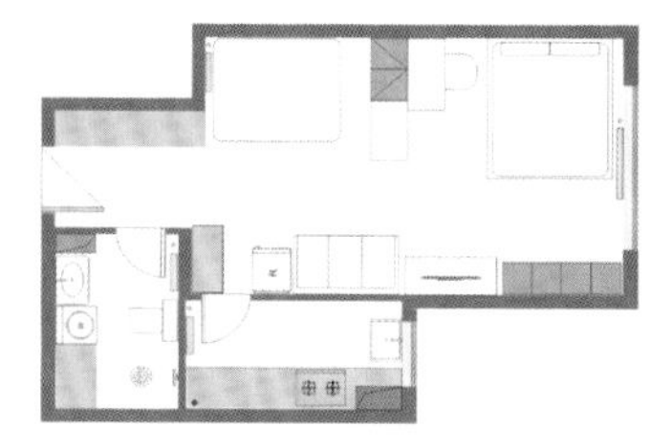

原始储物空间

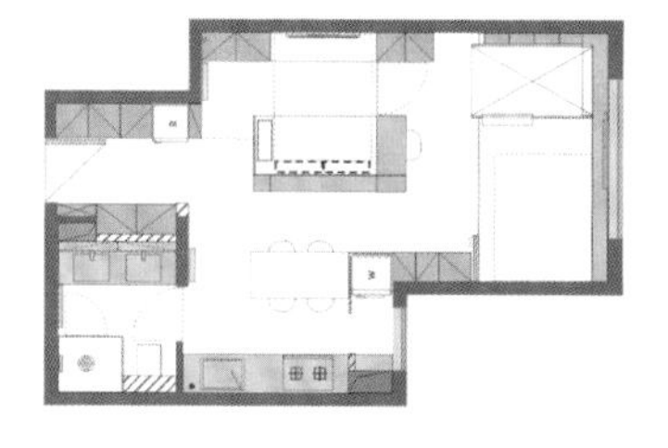

改造后的储物空间

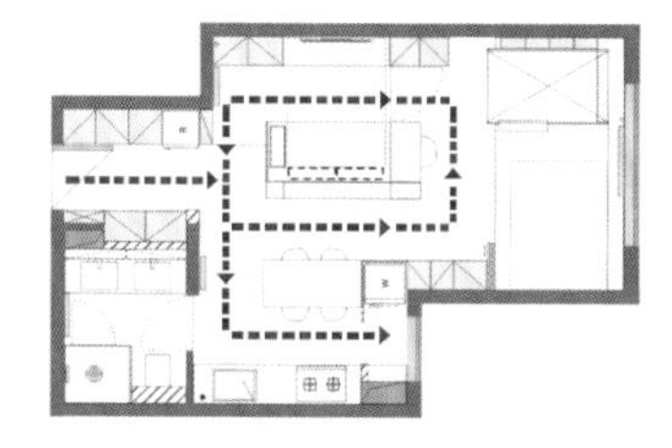

改造后的环形动线

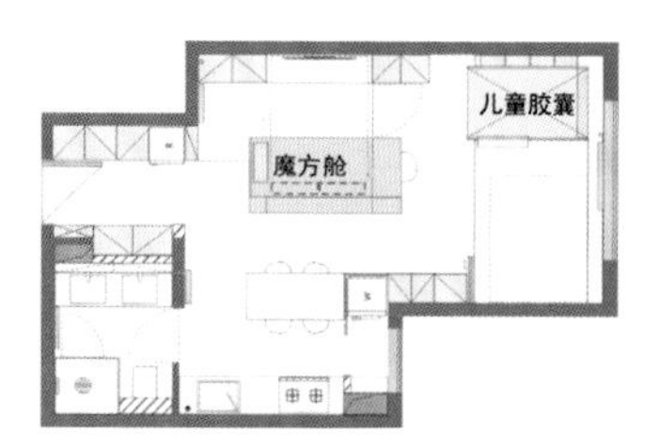

改造后的魔方舱

玄关

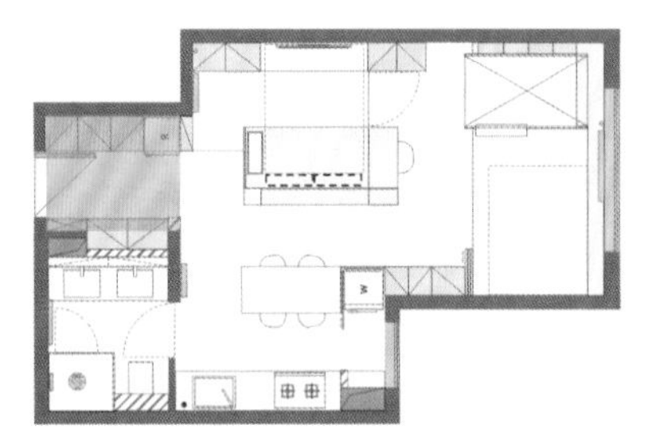

改造后的玄关区域

规划储物空间，提升空间利用率。将卫生间和玄关之间的墙体向卫生间方向移动 30 cm 后，利用此空间设计打造了整面墙的白色通顶玄关柜，包含超大容量的储物柜、衣帽柜以及鞋柜，大大提升了不足 3 m^2 的玄关的利用率。

魔方舱

门是魔方舱的设计关键。通过门的不同状态，魔方舱会变换成不同的功能模式。当门处于打开状态时，魔方舱和周围空间融为一体形成一个开放式的客厅；当门处于关闭状态时，魔方舱外部与内部完全隔离，外部形成一间独立的书房，内部则变换为老人房。

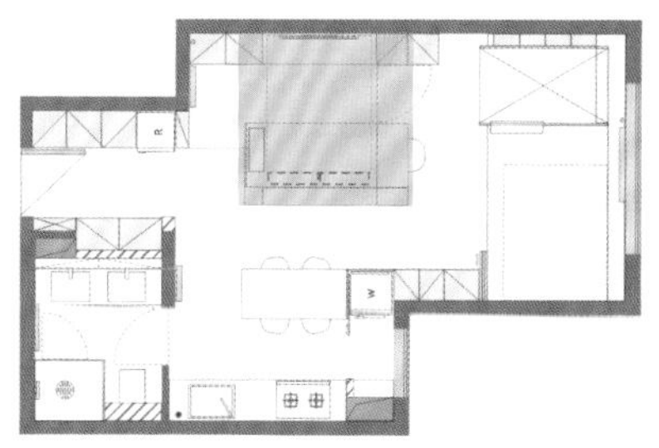

改造后的魔方舱区域

1. 对接玄关

复合功能的魔方舱连接入户区、客厅、餐厅、卧室等空间。与入户区连接承担了玄关的功能，既提高了空间的利用率，又起到了保护隐私的作用，同时还避免了小空间进门的“一览无余”。

2. 对接客厅

魔方舱里面是迷你客厅，虽然面积不大，但是五脏俱全。既有宽敞的走道空间，又有 86 cm 深的沙发可供家人窝在里面舒服地看电视。而且在客厅与玄关之间还设计了一个小窗，透过小窗可以直接看到入户大门，既保留了私密性又增加了通透性。

3. 对接书房与餐厅

穿过客厅之后便是书房区。改造前的开间设计让房主没有属于自己的独立办公空间，只能躲进卫生间里办公。改造后不仅拥有了属于自己的独立书房，设计师还利用靠近餐厅的那面墙设计了通顶的书柜，增加储物空间之余也正好作为书房区的补充。

4. 隐藏模式

当办公区域旁的玻璃门处于关闭状态时，把客厅沙发下面暗藏的抽屉拉开，对接到电视矮柜上，就形成了一张 150 cm 宽、230 cm 长的双人床，客厅区域就成了隐藏的老人房。床上特意放置了棕垫，更适合老人的身体需求，如此一来就创造出互不干扰的舒适睡眠空间。

主卧

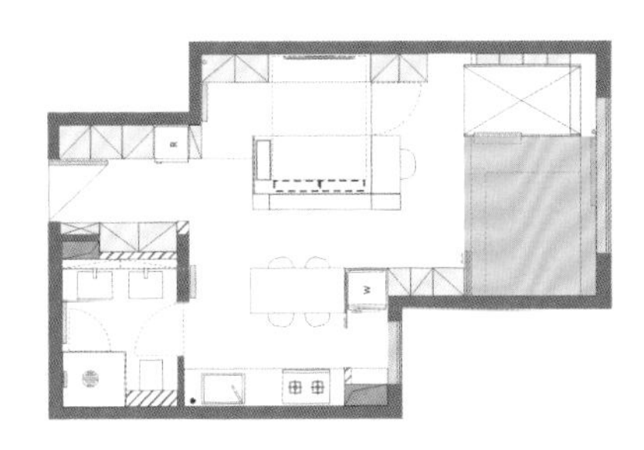
改造后的主卧区域

书房的右侧区域是主卧，内嵌式床垫让空间在视觉上更开阔，主卧外还设计了一组通顶的衣帽柜，作为主卧配套的储物空间。

除此之外，主卧的地台里还见缝插针地设计了两组储物格，其中一个暗藏升降书桌。闲来无事时，一杯咖啡、一本书，或是一台笔记本电脑，这里就是一个惬意的小角落。

儿童胶囊

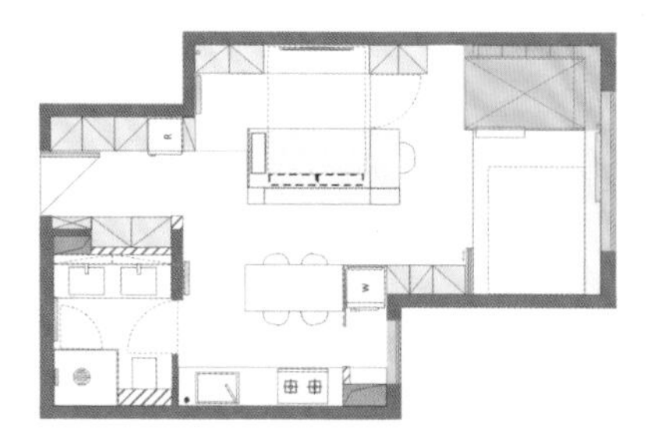

改造后的儿童胶囊区域

地台设计，划分区域。用地面高差将儿童胶囊与主卧进行划分，儿童胶囊采用包裹式的设计，里面插入的收纳柜可以放置大量玩具。而后出于采光的考虑，将原先开间仅有的一扇窗一分为二，并在靠窗区域贴心地打造了一个学习区，像玩具插片一样插入了一个小书桌，书桌下预留有足够的放腿空间。等孩子长大了，这个儿童胶囊也可作为他的卧室。

厨房餐厅

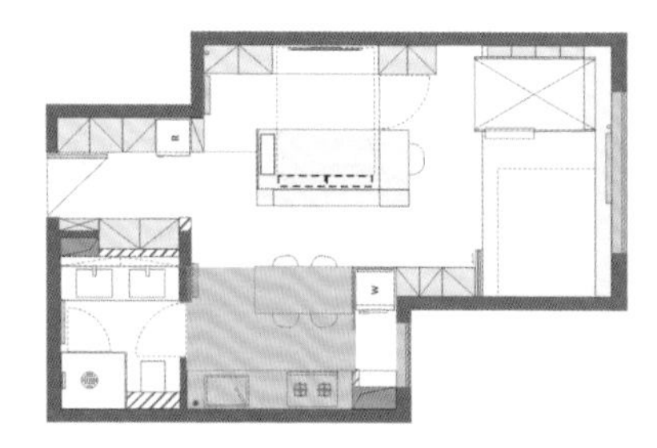

改造后的厨房与餐厅区域

拆除原始户型中厨房和客厅之间的墙体，将其改造为开放式厨房并对操作台进行优化，以便最大限度地方便洗菜、备餐、炒菜的做饭流程。增大了储物空间，同时也方便在做饭的时候看护孩子。

岛台餐桌一体化设计，既延伸了厨房操作台面，又获得了一张独立的餐桌，一家人终于有了一个可以舒适就餐的环境。

新增阳台

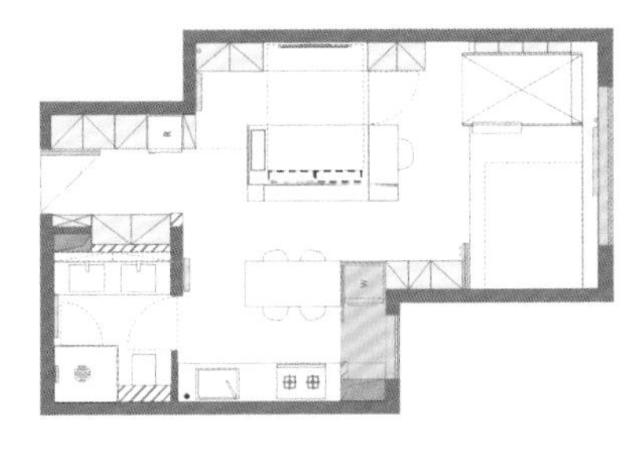

改造后的阳台区域

利用柜体作为厨房和客厅之间的隔断，将部分厨房空间改造为小型生活阳台并放置洗衣机，满足房主一家洗衣、晾衣的功能需求。

在阳台与厨房之间还安装了一扇推拉式的玻璃移门。既能保证室内的充分采光，又能在做饭的时候拉上移门，防止油烟扩散到衣服上。

卫生间

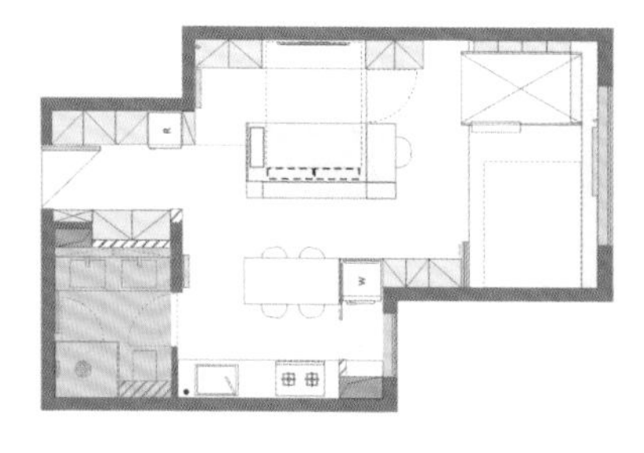
改造后的卫生间区域

改造后的卫生间增加了双盆洗手台与超长台面，可同时满足两个人洗漱。以后夫妻俩上班前再也不用抢洗手台了。独立的淋浴房配以大理石导水槽，彻底解决了以前干湿不分的问题。

墙排式的马桶设计，可以有效解决卫生间打扫上的死角问题；水箱隐藏在墙体内，也更加节省空间。

暖心贴士

1. 隐藏式柜体

从玄关柜到“魔方舱”，全屋分散式储物柜数量多达 170 个，如此充足的储物柜可以让房主一家的生活用品都有合理的“藏身之地”。隐藏式的柜体设计，不仅让生活告别凌乱，而且还塑造出一个“小而不挤，小而能装”的舒适居住空间。

2. 儿童胶囊的静音设计

房主家的瓦楞纸箱在裁剪之后，被填充到儿童胶囊的板材结构中，瓦楞纸质地松软，声波穿过这类材料时会被内部蜂窝状的结构所吸收，从而达到隔音的效果。这样的设计既避免了材料的浪费，又满足了房主一家的隔音需求。

3. 用途广泛的洞洞板

因为既想让魔方舱呈现出上下悬浮的效果又不至于浪费上层空间，所以决定利用超薄的洞洞钢板打造一个夹层区，在夹层内部设计储物格，可以存放家里不常用的物件和小朋友的玩具。

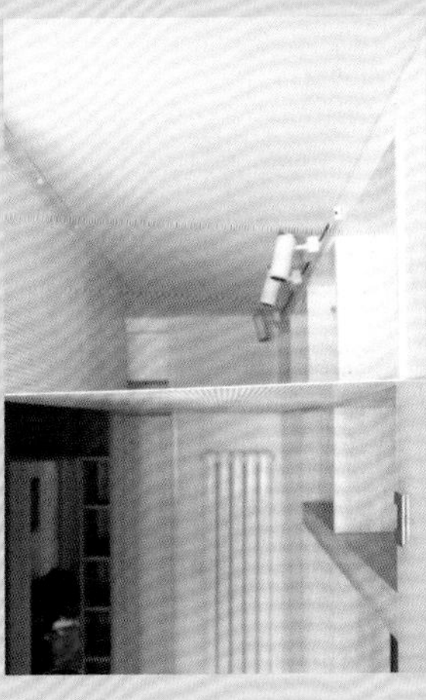

可移动的 3.0 魔方舱——空间赋能

破解 32 m²，斜角空间居住难题

之前版本的“魔方舱”采用的是常规模式，以魔方的概念将不同种类的功能模块组合在一起，并通过太空对接舱的对接模式连接其他空间或功能模块，以实现新的空间功能。而这次的 3.0 版本将太空舱的概念加以深化，设计出可以移动的魔方舱。它非常形象地诠释了太空对接舱的对接模式。通过移动魔方舱可以将其和衣柜区域或是书桌区域进行对接，分别组合成衣帽间或是一间相对独立的书房。并且可以对两种功能空间进行随意切换，形成不同的使用模式。

当然除了可以移动的魔方舱，魔方舱的概念也被运用到了全屋的各个区域之中。

户型结构：一居室

所在地区：北京市

建筑类型：筒子楼

使用面积：32 m²

户型层高：2.49 m

常住人口：夫妻俩 + 初中男孩

扫码查看相关视频

COFFEE

▶户型分析

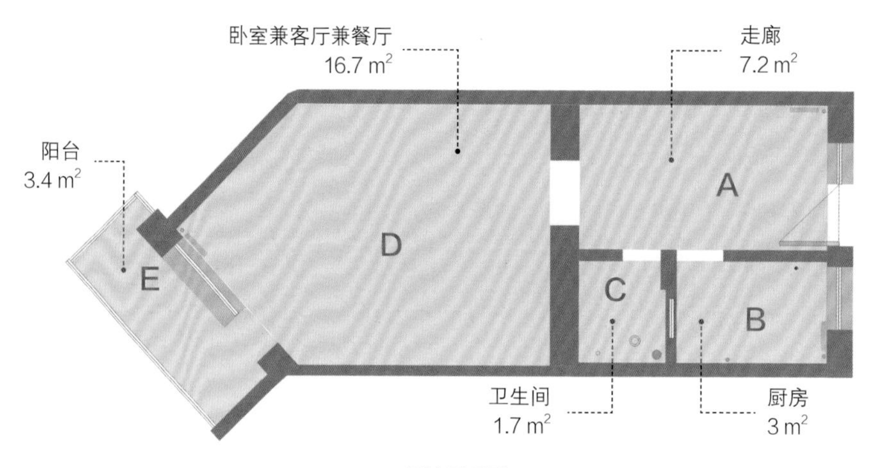

原始平面图

户型优点

1. 东西通透。
2. 有独立的厨房。

户型问题

A. 走廊宽度较窄又包含主通道，空间利用率低。
B. 厨房面积较小，管线较多。
C. 卫生间面积较小，地面有高台，使用不便。
D. 客厅与卧室重叠导致私密性较差，斜角空间不易布局，空间利用率较低。
E. 阳台进深较窄，空间利用率低。
F. 层高相对较低。

未利用空间约 16 m²
占整体面积的 50%

房主需求

1. 需要两间卧室。
2. 需要一间书房。
3. 需要干湿分区的卫浴间。
4. 需要充足的储物空间。

设计理念

设计一组可移动的魔方舱，既是两间卧室中的缓冲空间，又可以和开放式书房对接成一间独立的书房。

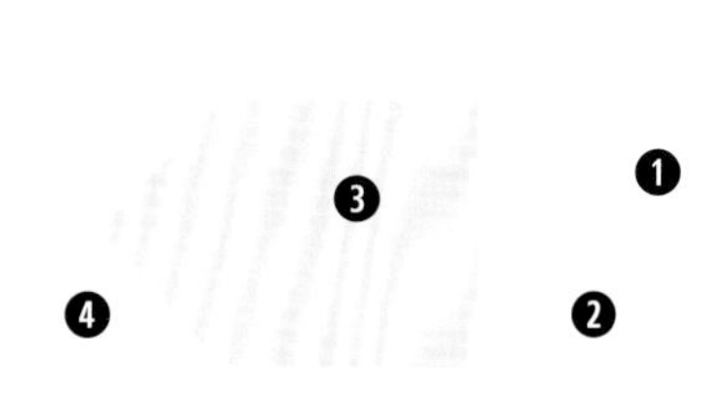

❶ 交通空间　❸ 混合空间
❷ 功能空间　❹ 杂物空间

原始功能分区

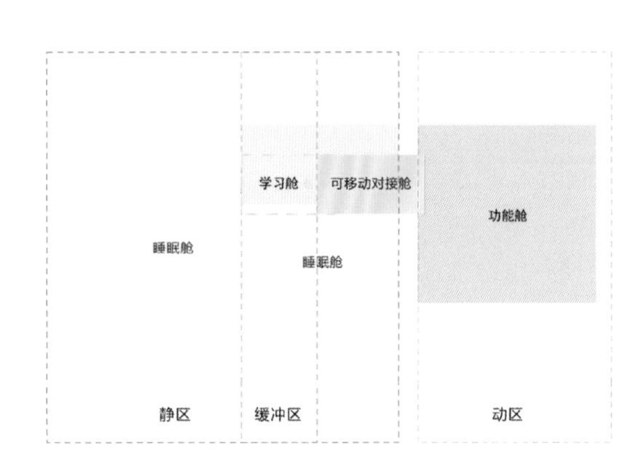

改造后的功能分区

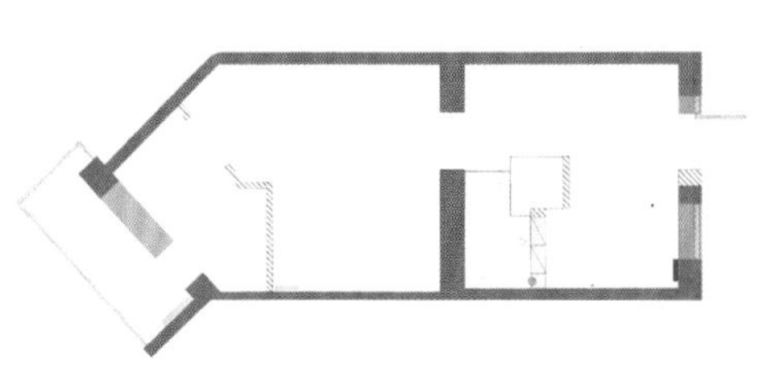

改造后的平面图

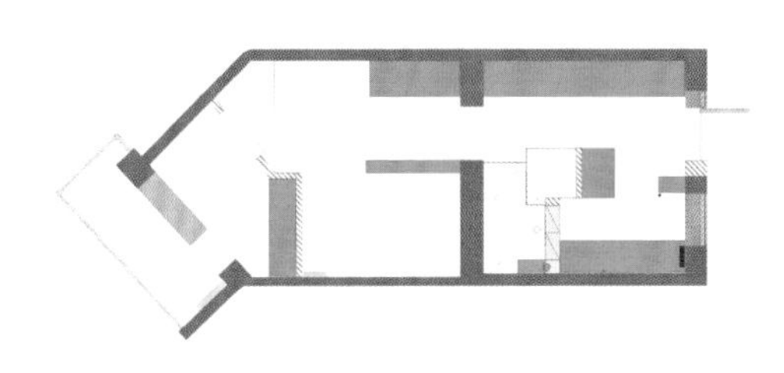

改造后的储物空间

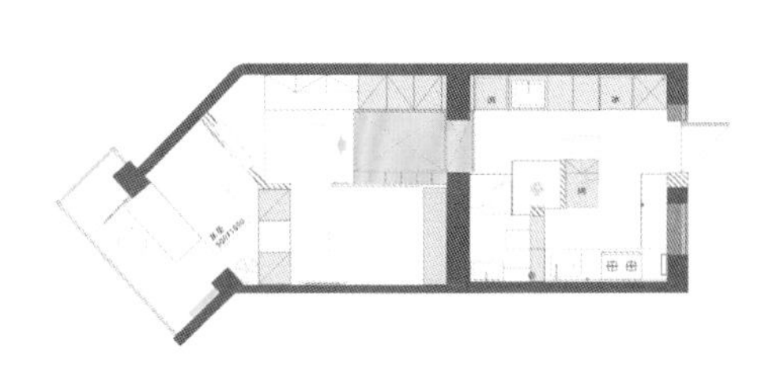

模式一

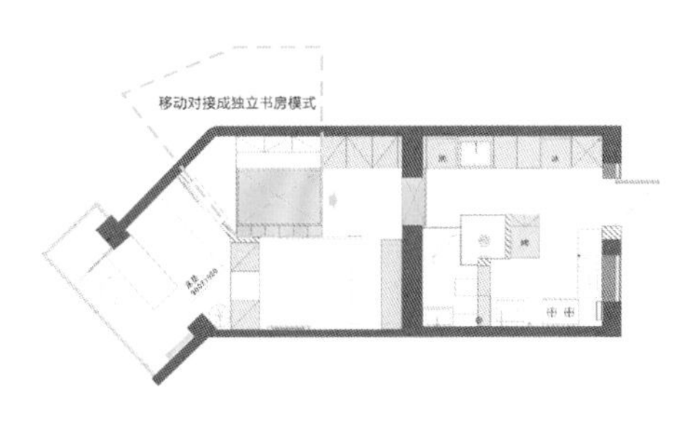

模式二

玄关

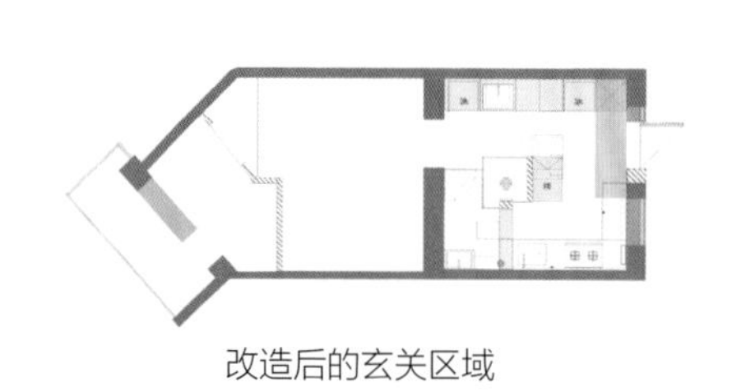

改造后的玄关区域

原始户型问题

①原始户型无玄关，进门即通道，无停留空间。

②入户门外即公共走廊，隔音、隔热皆不理想，因此空间利用率低。

③外部条件导致玄关空间无归属感，委托人不愿停留。

1. 增加玄关，让回家有种仪式感

根据业主回家进门时的使用习惯，在进门左手边设计了一组通顶的玄关柜，中间部分设计了开放式的储物格，可以随手放置车钥匙等小物件。下部设计为鞋柜，内部层板更是按照鞋子的形状调整了角度，采用不规则的斜面层板，可以放置更多的鞋子。

2. 合理利用过道空间，提升空间利用率

在进门的右手边设计了一组单面的魔方舱，对各种功能模块进行重新组合，此空间囊括了储物柜、鞋柜、衣柜、冰箱、洗手台、洗衣机等。

厨房

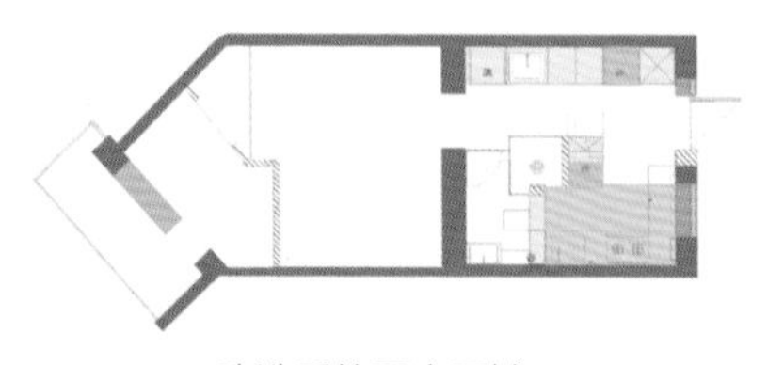

改造后的厨房区域

原始户型问题

①厨房面积较小，储物空间不够。

②无完整的操作台，不利于厨房日常操作流程。

③管线较多，不利于后期清洁。

1. 开放厨房空间，增加储物面积

将原始的厨房改为开放式厨房并将原本过道部分的空间纳入厨房中，设置高柜，增加厨房的储物空间，并内嵌小型烤箱，以满足女房主烘焙的爱好。

2. 合理利用空间，避免卫生死角

利用窗边空间将操作台的面积进行延伸，更方便备餐。

通过细节设计，如柜门的暗扣手设计、柜门的落地设计、台面的无后档设计，以及大规格的墙面瓷砖设计，尽量减少卫生死角，便于后期清洁。

规划调料架、沥水架、厨房纸巾架等，有效提升厨房使用便利度。

卫生间与过道空间

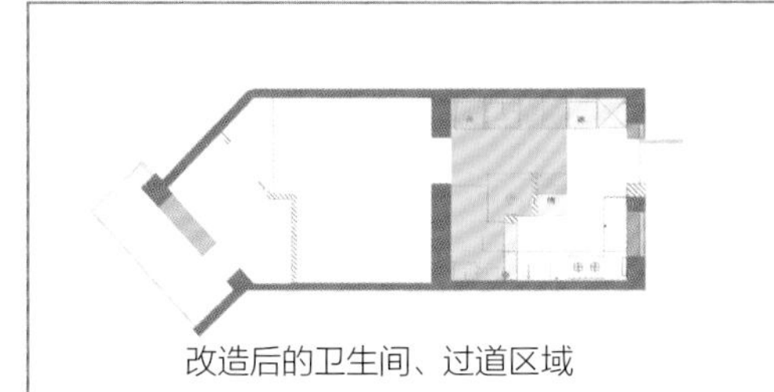

改造后的卫生间、过道区域

原始户型问题

①卫生间面积较小，无干湿分区以及储物空间。

②过道空间功能单一，造成空间利用率低。

1. 功能整合，提升过道利用率

充分利用过道空间将储物柜、独立淋浴房等功能模块进行整合，提升过道空间的功能性和利用率。除此之外，与卫生间相连的储物柜中还隐藏了餐桌，打开后可以满足一家人同时用餐。

2. 增加卫生间面积，明确功能分区

原户型的卫生间面积很小，经过设计之后，将淋浴房外移，占用一部分的过道空间从而整合成一组新的魔方舱，并将此魔方舱与卫生间对接。独立的淋浴房既是卫生间的外挂空间，又与其巧妙地组合在一起，形成功能完备的洗浴空间。

淋浴房和卫生间门全部用玻璃代替，有效地节省了空间；又将壁挂马桶的上部空间设计为储物柜，用于放置洗浴用品和卫生用品；除此之外，还额外增加了一处洗手台，多人使用时可互不干扰。

可移动魔方舱

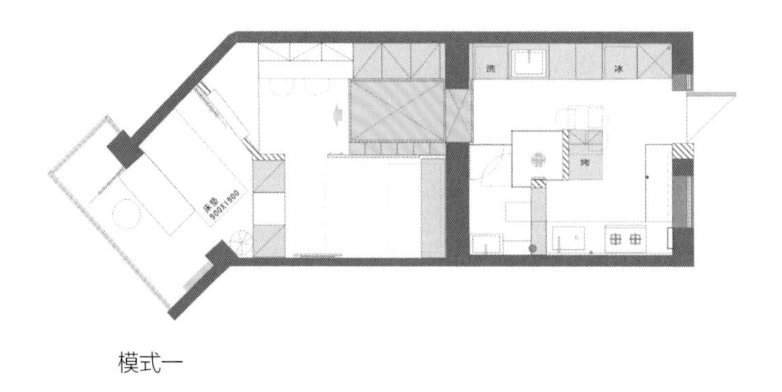

模式一

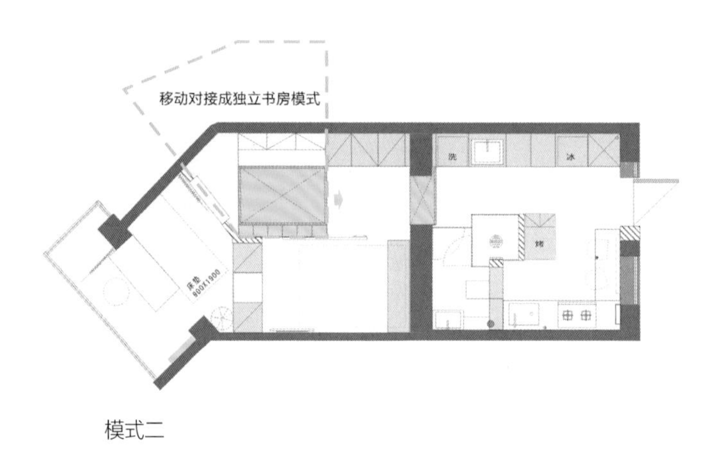

模式二

可移动的魔方舱除了可以对接组合成不同的功能空间，自身也在整个空间的格局里起到了至关重要的作用。通过魔方舱可以将空间巧妙地分隔成两个独立的卧室，不仅如此，魔方舱还可以作为两个卧室间的过渡空间，这样可以更好地保持两个空间的私密性。

1. 模式一

魔方舱对接到原始门洞上，形成通往卧室区域的通道，也成为全屋动区和静区之间的过渡区域，同时和右侧墙面的衣柜区域对接成一间步入式衣帽间。

魔方舱也将左侧空间分隔成了一间客厅兼卧室，通过墙面的隐形床可将客厅随时转化为卧室。

2. 模式二

魔方舱移动对接到书桌区域，组合成一间相对独立的书房。

书房和靠近阳台的卧室相连，保障隐私性的同时更便于日常工作和学习。

异型空间的改造

原始户型中有一面斜墙，不方便布置家具，导致空间利用率较低。经过设计之后，分隔出一间适合居住的方形卧室，将原有的斜面空间设计为休闲角，其在两个卧室间起到了缓冲的作用。

阳台的改造

通过更换三层玻璃的断桥铝窗，增加墙体的内保温层，有效改善了阳台的内部环境。将其规划到卧室内，增大卧室的面积，利用不可拆除的配重矮墙设计一组书桌，提升卧室的功能性。

组团式 4.0 魔方舱——竖向设计

破解 90 m^2，层高 3.3 m，六口人的居住难题

“魔方舱”概念进行了几个版本的实践后，可被应用在不同格局的空间中，用于解决户型缺点和居住问题。因为设计的魅力在于不断地创新和自我突破，所以 4.0 版本的组团式魔方舱来了。这是一个使用面积为 90.78 m^2 的二手房。原房主为了满足多人口的居住需求，简单粗暴地将原本的客厅和餐厅全部隔成了卧室，每间卧室的采光和通风都很差，而且还牺牲掉了公共空间。房子里全都是狭长的通道，完全不像一个正常的家。房子层高 3.3 m，虽然比普通房子层高更高，但实际利用起来却有一定的难度，对设计来说层高既是优点，又是一个很大的挑战，运用不好就会成为鸡肋。

户型结构： 两室两厅一厨一卫

所在地区： 北京市

建筑类型： 钢筋混凝土结构板楼

使用面积： 90 m^2

户型层高： 3.31 m

常住人口： 夫妻俩 + 爷爷奶奶 + 初中大儿子 +3 岁小儿子

扫码查看相关视频

▶户型分析

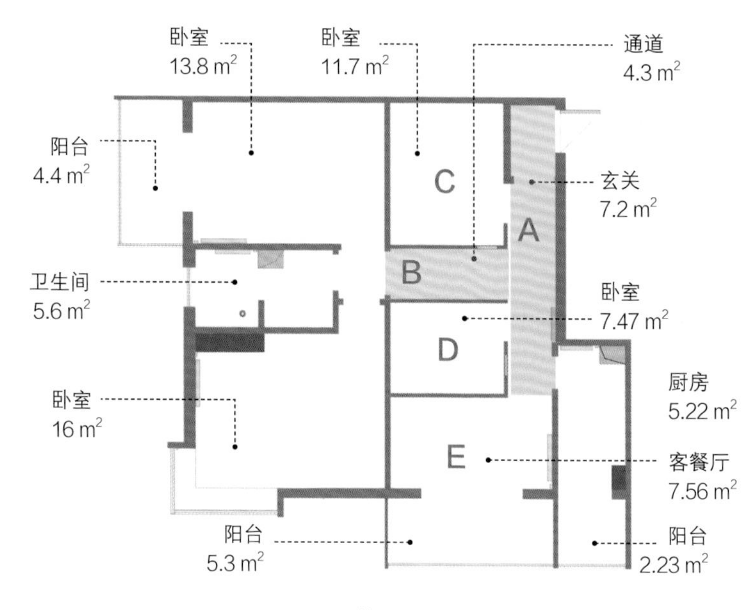

原始平面图

户型优点

1. 户型较为方正，双面采光。
2. 层高较高，客厅、卧室层高约 3.3 m。
3. 配有三个阳台。

户型问题

A. 玄关区域是狭长的通道，缺少储物空间，空间利用率低。
B. 两卧室之间通道狭长，空间利用率低。
C. 此卧室面积较小，无采光、通风差。
D. 此卧室面积较小，无采光、通风差。
E. 此空间面积较小，进深较窄。

未利用空间约 11.5 m²
占整体面积的 12.7%

房主需求

1. 需要四间卧室。
2. 需要满足六口人使用的卫生间。
3. 需要充足的学习和藏书空间。
4. 需要充足的储物空间。
5. 需要孩子的活动空间。

设计理念

此次设计中，“魔方舱”将以组团的形式出现，并增加了空中连廊的设计，将魔方舱的上部空间也充分利用起来，更加完美地展现魔方舱多功能模块化概念和多变的设计思路，创造出一组新型的交互组合式魔方舱。

原始功能分区　改造后的功能分区

原始储物空间　改造后的储物空间

改造后的环形动线　改造后的魔方舱

玄关

改造后的玄关区域

原始户型问题

①原始户型进门正对墙壁，玄关狭小，无采光。

②没有充足的储物空间，用起来很不方便。

拆除入户正对的这面墙体，用一组通顶柜代替，柜子的右侧设计了一面玻璃，这样玄关也有采光，显得更加通透。增加的玄关柜不仅没有占用其他空间的面积，而且增加了玄关空间的储物功能，轻松放下一家六口的常穿鞋子。

考虑到房主回家时的使用习惯，在玄关柜的中间部分设计了开放式的储物格，可以随手放置车钥匙等小物件。

在玄关柜的斜侧方，打造了一组玄关衣帽柜，便于回家后换衣服、放置手包等。

客厅、餐厅与厨房区域

改造后的客厅、餐厅与厨房区域

原始户型问题

①厨房空间为封闭式的，开间窄、进深长，动线重复，空间利用率低。

②为了满足六口人的睡眠需求，压缩客厅与餐厅的面积，隔出一间卧室，由此导致客厅与餐厅功能重叠、动线重复，空间利用率低。

1. 厨房的开放式设计

拆除原始户型中厨房和客厅之间的墙体，将厨房设计为开放式L形布局，尽量增大操作台的面积与储物空间，并增加了洗碗机，有效解放夫妻二人的双手，节省出更多的时间陪伴孩子玩耍和学习。

2. 中西厨分区设计

对原有厨房进行中、西厨的分区设计，将西厨设置在厨房外侧的通道位置，无形中增加了通道的空间利用率。同时中西厨分区后，可以将厨房家电放置在西厨空间内，还可以将之前无处安放的豆浆机、咖啡机等放置在这里，使其免受中厨的油烟侵蚀，更便于使用和清理，大大提升了生活的便利性和品质感。

3. 一体化设计

拆除厨房的原始墙体后，厨房空间与客厅空间相结合，大幅度增加客厅的面宽，视觉上客厅更加宽敞。在厨房和客厅之间的空间打造一组岛台式的餐桌，既可以作为中岛式的操作台，又是一张大餐桌，一家人一起包饺子或吃火锅都非常便利。

交互组合的魔方舱

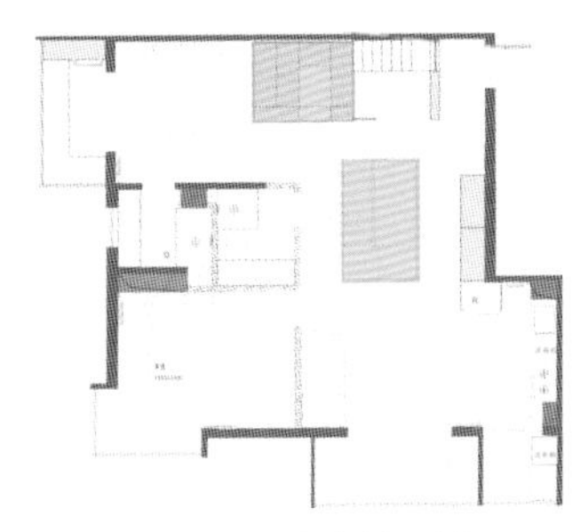

改造后的魔方舱区域

将原始户型中的卧室区域规划为魔方舱组群区域，通过扩大主卧门洞、设计推拉门，将主卧的阳光引入魔方舱组群的位置，大幅提升了此区域的自然采光和通风效果。

之前设计的魔方舱都是单体结构，互相并不产生直接的关联。而此次出于对户型特点和实际需求的考虑，设计了两个交互组合的魔方舱。每个魔方舱都自带学习空间和储物空间，并结合层高的优势将其上部空间设计为睡眠空间。两个魔方舱分别设计了内置和外接两种方式的楼梯，巧妙灵动、舒适便利。

两个魔方舱相互错落，其中哥哥的魔方舱还设计了一扇推拉门，门关闭后会形成一个相对独立的小书房，满足哥哥学习的需要。

弟弟的魔方舱也功能齐备，学习区、储物区、睡眠区、藏书区样样俱全，充分诠释了组团式魔方舱的多样性。

空中连廊

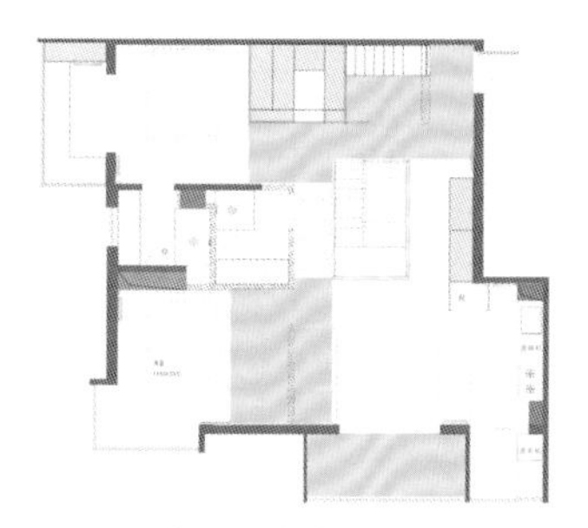
改造后的空中连廊区域

利用层高的优势，在魔方舱组群中设计了一个空中连廊，通过两个魔方舱的楼梯连接，形成一个空中交互体系，并且在不同的区域设计了不同的场景模式。

1. 神秘小屋

在玄关的正上方设计了一处神秘小屋，兄弟俩可以围坐其中，弟弟听哥哥讲故事。

2. 吊床区

在弟弟的魔方舱侧面通道处设计了一组攀爬网，既可以当作小朋友们游戏玩耍的区域，又可以当作休闲区域，舒服地躺在上面看看书、听听音乐。

3. 玩具区

利用客厅沙发的上部空间和老人卧室衣柜的上部空间做出的空中连廊被设计为兄弟二人的玩具区，弟弟可以在这里玩玩具等。

4. 攀岩区

在客厅沙发区域的上方设计了一个圆形洞口，通过沙发侧面的攀岩墙可以攀爬到空中连廊，增加了连廊的趣味性。

5. 储物区

在西厨上方的连廊区设计了一组储物柜，有效地扩充了楼上的储物空间。

6. 空中书房

在连廊朝向餐厅的方向设计了一组小书桌，配合侧面的书柜，形成了一个小型的空中书房。

空中连廊基本上都是利用一层的走廊空间或是边角空间的上部空间组合而成，经过精确的计算，连廊的高度既不会影响楼下空间的使用舒适度，又能最大限度地利用 3.3 m 的层高优势。目前设定的场景模式可以随着两个孩子年龄的增长、需求的不同而随意切换和重新设计。

一方面，为了最大限度利用房屋的层高优势并减少空中连廊对一层的影响，在钢结构方面进行反复推敲。因为设计时尽量简化立柱并通过设计手法对其进行隐藏，利用吊筋及墙体固定等方法对连廊进行加固，所以现在看到的是一个结构更轻盈，没有立柱的空中连廊，对一层的使用影响也最小。

另一方面，对上部连廊的地面结构也进行了优化，用单层禾香板来代替大芯板和木地板的组合。整体厚度只有 1.8 cm，可以节省将近 2 cm 的高度，这对楼上层高相当重要。

新增卫生间

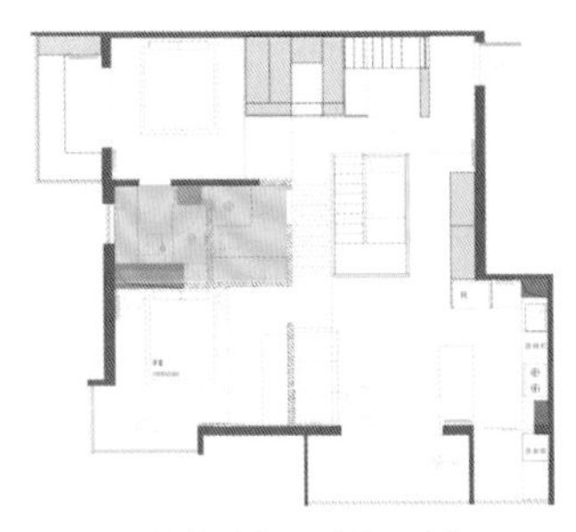
改造后的卫生间区域

适当向外扩充卫生间的面积，将之前的过道空间纳入卫生间并进行二次划分，将原有的一个卫生间设计为两个。重新设置墙体和开门的位置，并注意两个马桶之间的间隔，以免后期使用时堵塞。

重新规划水电管线，每个卫生间都有独立洗手台、淋浴房，而且都配置了储物吊柜，大幅提升了卫生间使用的便利性和舒适度。

选择具有冷水回路的燃气热水器，既有效节省了热水器占用的空间，又避免了以往使用燃气热水器洗澡时出现的冷水多、浪费水的问题。

主卧

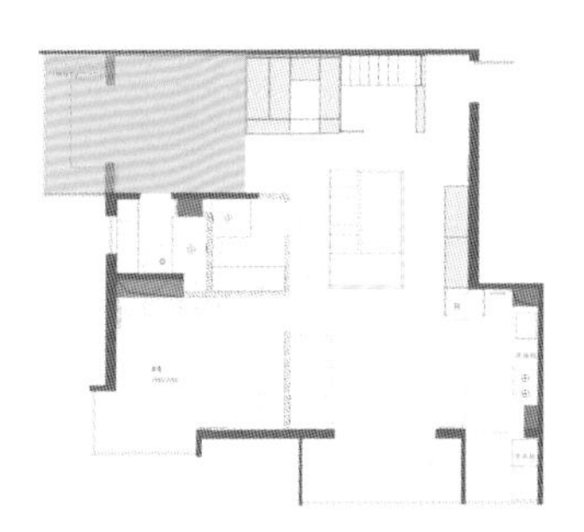

改造后的主卧区域

扩大主卧门洞并设计为推拉门，除此之外，将地面整体抬高 10 cm，这样既丰富了主卧的空间层次，也消除了与主卧卫生间之间的高差，使用起来更加舒适、便利。

将与主卧相连的阳台设计为一个读书学习的区域，超长的书桌和通顶的书柜可充分满足一家人读书学习的需求。在这里处理工作、给孩子辅导功课或读书都非常方便。

老人房

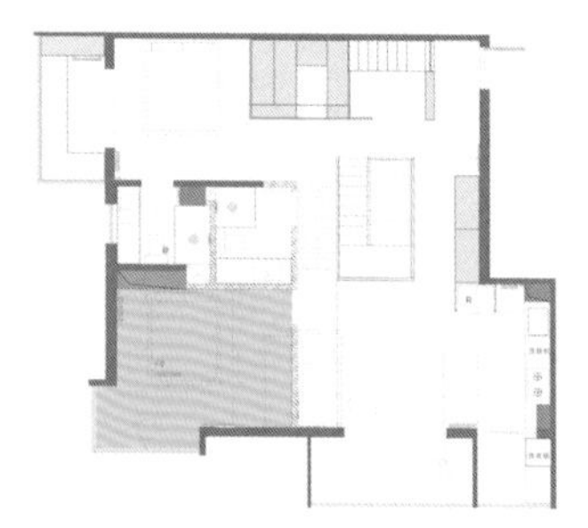

改造后的老人房区域

将靠近客厅的卧室设计为老人房，并将原来卧室中不应出现的下水管重新包到了卫生间中，减少了噪声干扰。

阳台

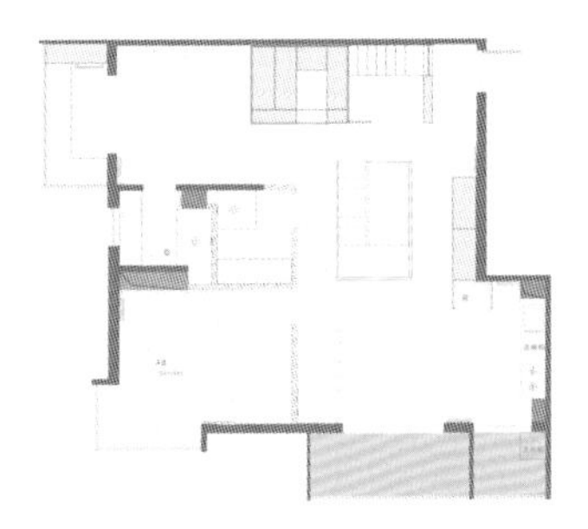

改造后的阳台区域

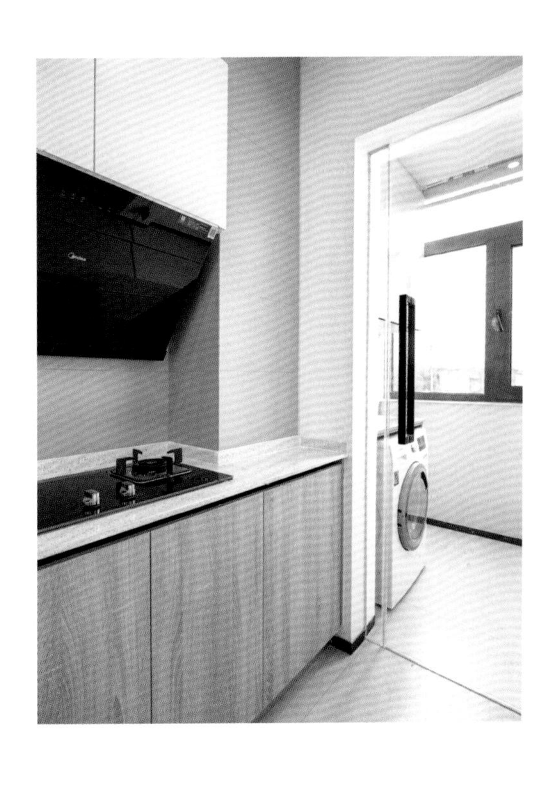

1. 洗衣晾晒区

将客厅方向的阳台一分为二，与厨房相连的阳台被设计为洗衣晾晒区，用一组玻璃门与厨房相隔，避免油烟对晾晒衣物的影响。这样的设计既方便使用，又避免了在客厅阳台晾晒衣物影响美观。

2. 休闲娱乐区

在与客厅相连的阳台处设计了一个夹层，通过一个非常节省空间的旋转楼梯上下，上部空间设计为休闲读书的空间，有朋友亲戚来时还可以作为客房使用。下部空间可作为茶室，在此品茗、聊天、看书都是不错的选择。

暖心贴士

一体化设计

随着时代的发展，客厅与餐厅的功能属性已经发生了巨大的变化。比如，客厅的原有功能属性被逐步弱化，转变成了健身、喝茶、展示、小朋友玩耍的复合空间。餐厅除了就餐的功能还增加了较强的社交属性，变成了家人活动交流的空间。

而客餐厅一体化设计能够让客厅、餐厅、厨房等空间更好地结合在一起，不仅能共用动线，提高空间利用率，而且能满足家居生活多样需求。

这里值得注意的是，想要成功做到客餐厅一体化设计，需要整体协调统一。各个空间之间既要相互贯通，又要有一定的区分。家具布局要灵动而不凌乱。灯光层次分明、冷暖分区，厨房区域要亮，餐厅区域要有氛围感，客厅灯光模式要满足多场景切换需求。

“老破小”

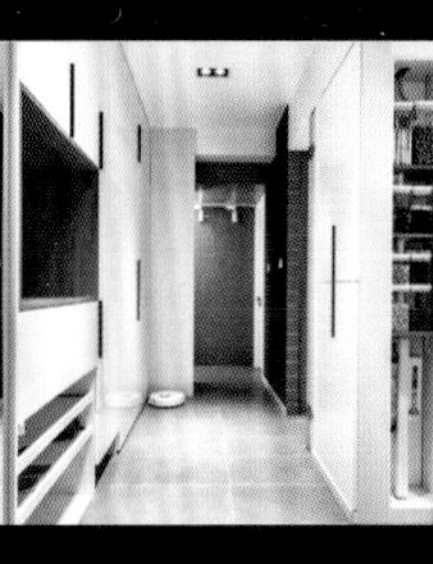

“老破小”是指楼龄老，内外部设施陈旧，套内的使用面积非常小的房子。

这种几十年前的户型格局，老旧的管线，局促的空间很难适应今天人们的生活需求和使用习惯，只有通过合理的空间规划设计才能让老房焕发新生。

“火箭户型”秒变两居室

破解 29 m² 筒子楼，两口人的居住难题

说到“老破小”，那肯定少不了筒子楼。筒子楼是 20 世纪七八十年代的特殊产物，有些具备独立的卫生间和厨房，有些则是几家共用。其共同特点就是没电梯，楼体的一侧是连接每家入户门的公共走廊。

这也就造成了筒子楼通常都只有一面采光，另一面的窗子则因为被走廊阻隔，采光较差。每家的户型都是狭长的一条，结构单一。

户型结构： 一室零厅一厨一卫
所在地区： 北京市
建筑类型： 砖混结构筒子楼
使用面积： 29 m²
户型层高： 2.44 m
常住人口： 奶奶 +6 岁女孩

▶户型分析

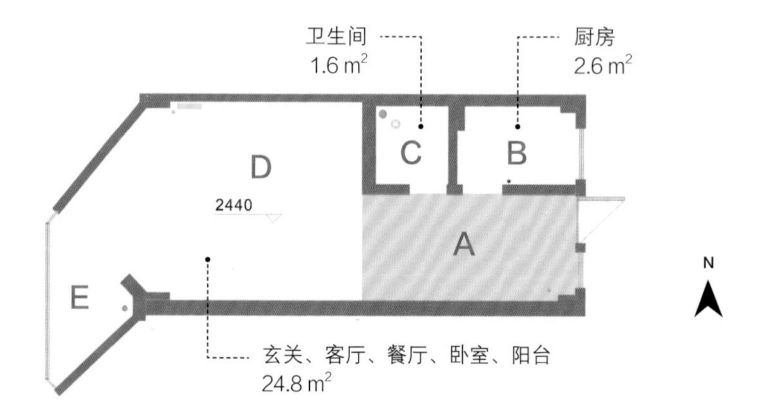

原始平面图

户型优点

1. 东西通透。
2. 有独立厨房。

户型问题

A. 此空间为交通空间，未规划储物空间，空间利用率低。
B. 厨房面积较小，管线较多。
C. 卫生间面积较小，管线较多，无法进行干湿分区。
D. 客厅兼具卧室功能，隐私性较差。
E. 三角形阳台，空间不好利用，采光相对较差。

未利用空间约 6.5 m²
占整体面积的 22.4%

房主需求

1. 需要一间客厅。
2. 需要两间卧室。
3. 需要一个可供小朋友学习的空间。
4. 需要满足四个人使用的餐厅。
5. 需要充足的储物空间。

设计理念

采用“局部整合＋局部拆分”的方式，将功能空间进行整合，从而提升空间利用率和储物空间的占比。

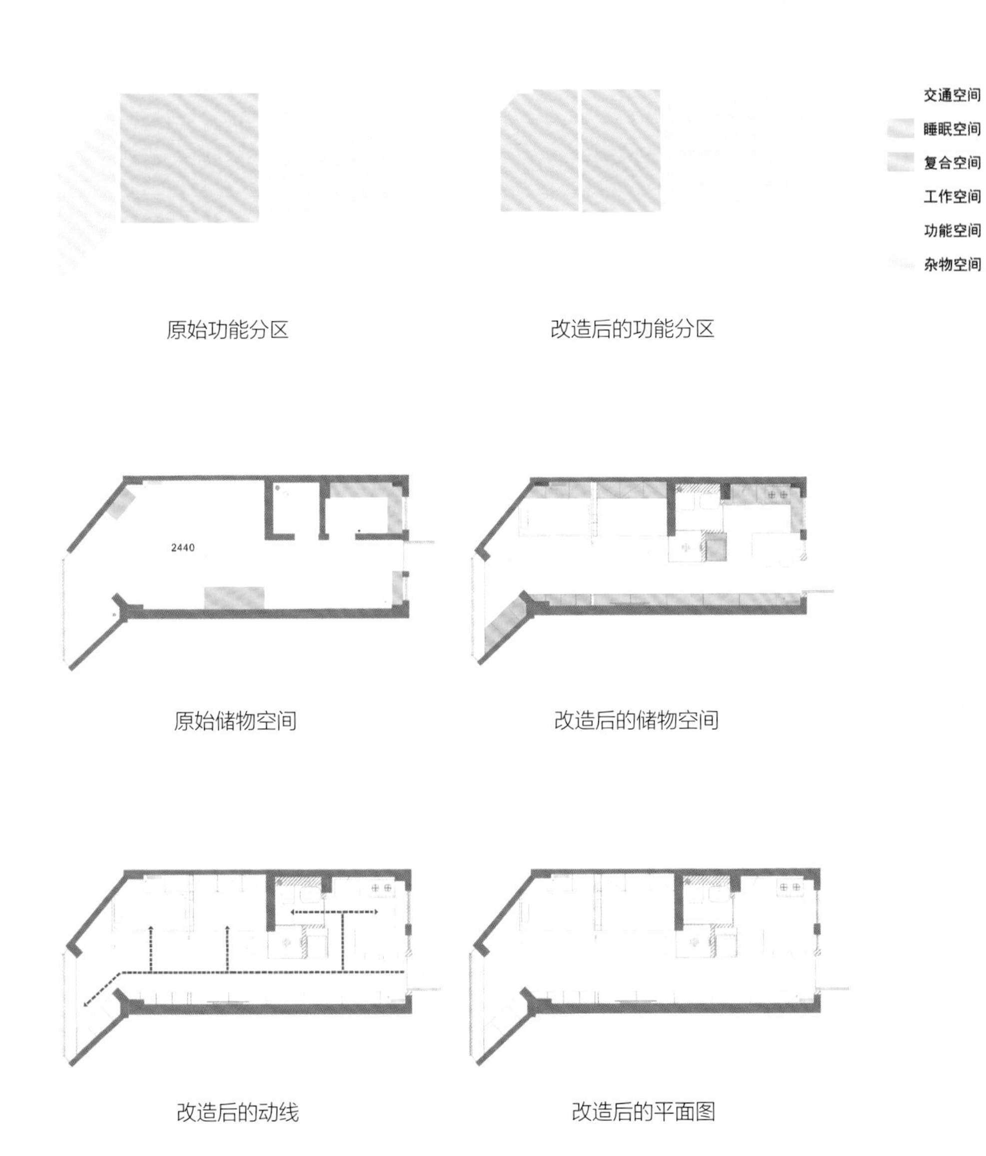

原始功能分区　改造后的功能分区

原始储物空间　改造后的储物空间

改造后的动线　改造后的平面图

局部整合

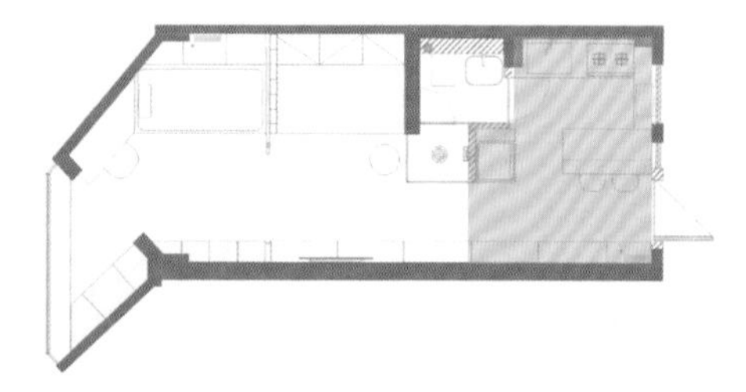

改造后的局部整合区

房子没有玄关，进门即通道。把厨房与通道间的墙体拆除后，将打开的厨房和玄关合并在一起，并把通道区域充分利用起来。采用中岛操作台兼餐桌的设计，把厨房、餐厅和玄关三个功能整合在一起。

空间延伸

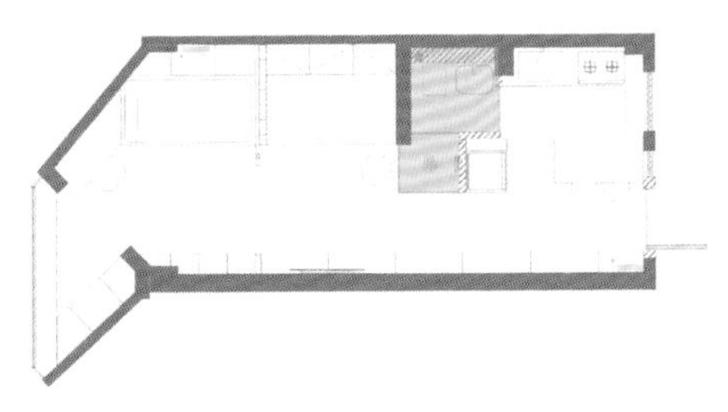

改造后的空间延伸区

$1\ m^2$ 的卫生间要设计出干湿分离，虽然听起来有些不可思议，但是并非没有实现的可能。在保证功能性需求不被影响的前提下，空间不够，那就从别的地方“偷”一部分空间出来。

本项目中的卫生间区域，就是通过空间延伸的设计手法将淋浴房进行外移，并采用玻璃材质制作隔断，这样的做法既减少了空间的沉闷感，又形成了干湿分离。而且延伸空间形成的角落正好能放下冰箱，完全嵌入式冰箱，同柜体完美结合，一点也不突兀。

壁挂马桶加上迷你洗衣机，不但使空间更加轻盈，而且没有卫生死角，打扫起来也更加方便。迷你洗衣机放在马桶水箱上方，既不占用空间，又使用方便。

局部拆分

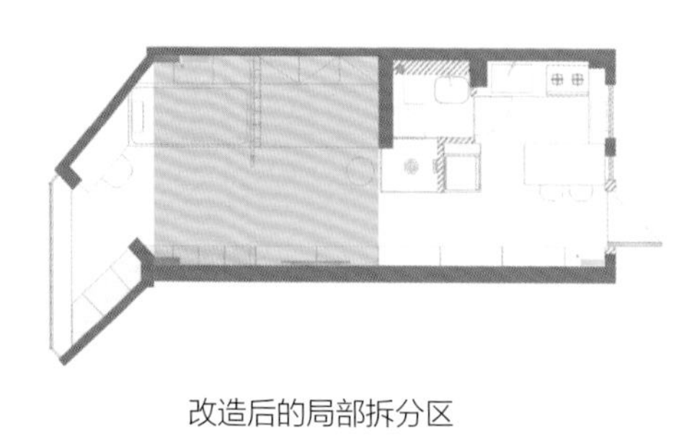

改造后的局部拆分区

除去功能空间外，房子整体是一个大的开间，没有明显的动静分区，私密性较差。房子的常住人口是老人和孩子，二者作息时间不同，为了保证两个人都有一个相对安静的休息空间，需要将仅有的开间拆分成客厅和两间卧室。考虑到原始户型只有一面有窗，采光较差，所以两个卧室之间的隔断采用了“玻璃砖 + 推拉门”的设计，这样一来可以增加采光，二来也可以节省空间，很适合小户型。

空间经过局部拆分后，分隔出两间卧室。小朋友的卧室在里侧，方便安静地读书学习；老人的卧室在外侧，方便去卫生间和厨房。

异型空间的改造

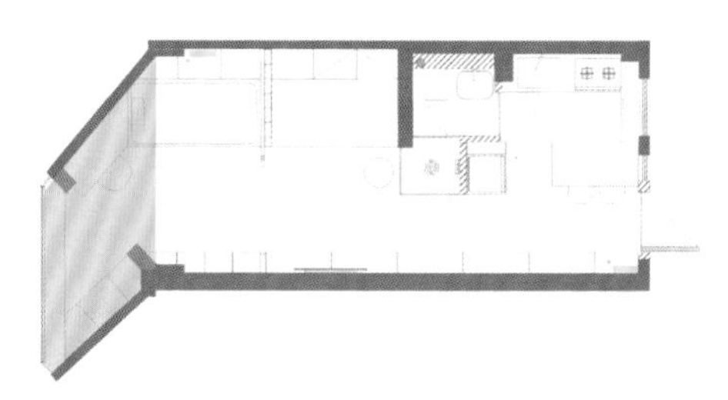

改造后的异型空间

利用斜面墙体进行区域划分，区分出学习区与睡眠区，同时在斜角阳台设计了通顶的衣帽柜，增加了空间的储物功能。

暖心贴士

1. 储物空间

储物空间是小户型的设计重点，入户靠墙的一排柜子简直就是收纳利器，什么都可以放，而且十分有条理。

而书柜与展示柜则是承载着孩子梦想的存在，对于孩子来说，书籍与玩偶恐怕是这个年纪最重要的东西。

2. 整体配色

原木色与大面积留白的配色方式，使这个狭小的空间显得不那么拥挤，增加采光的同时心情也能好起来。

眼镜户型大改造

破解 32 m²，三代人的居住难题

眼镜户型是指户型中间有道承重墙，把整个户型一分为二，左右两个空间的面积基本相等，就像眼镜的两个镜片一样对称。这种户型通常一间是客厅兼卧室，另一间是小餐厅、厨房和卫生间。因为中间的墙体是承重墙，所以空间的整体格局很难有大的变化，是老房子里一种典型的“头痛户型”。

户型结构： 一室一厅一厨一卫
所在地区： 北京市
建筑类型： 砖混结构板楼
使用面积： 32 m²
户型层高： 2.5 m
常住人口： 夫妻俩 + 奶奶 +5 岁的小男孩

▶户型分析

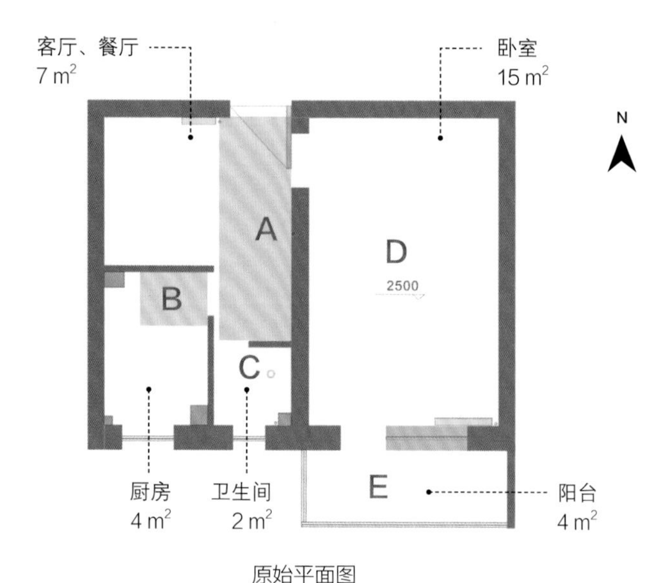

原始平面图

户型优点

1. 户型结构较为方正。
2. 配有阳台。

户型问题

A. 入户无玄关，缺少收纳鞋子、外套的储物空间，空间利用率低。
B. 厨房面积较小，开门位置导致操作台面减少，没有足够的空间放置冰箱。
C. 卫生间面积太小，很难同时安装面盆和淋浴房，更不要说干湿分离了。
D. 客厅与卧室混在一起，动静分区不明显，私密性不够。
E. 阳台面积较小，进深较窄，且与卧室之间有一面配重矮墙，不利于后期利用。

未利用空间约 5.2 m^2
占整体面积的 16.3%

房主需求

1. 需要客厅与餐厅。
2. 需要两间卧室，满足三个大人和一个孩子长期居住。
3. 需要功能完整且干湿分离的卫生间。
4. 需要一个可供学习、办公的空间。
5. 需要充足的储物空间。

设计理念

顺势而为。既然眼镜户型中间的承重墙不可拆改，有着先天不可逆转的户型劣势，那么不如换个思维角度，正巧借助这堵承重墙，将整个户型进行动静分区，左侧是集合玄关、客厅、餐厅、厨房和卫浴间的动区，右侧是包含两间卧室和迷你书房的静区。

原始功能分区　　改造后的功能分区

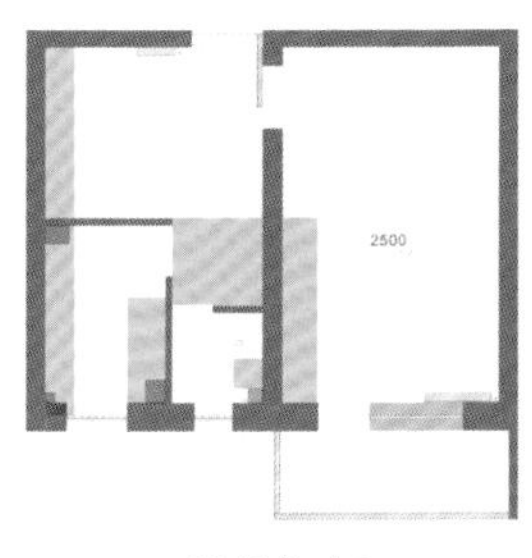

原始储物空间

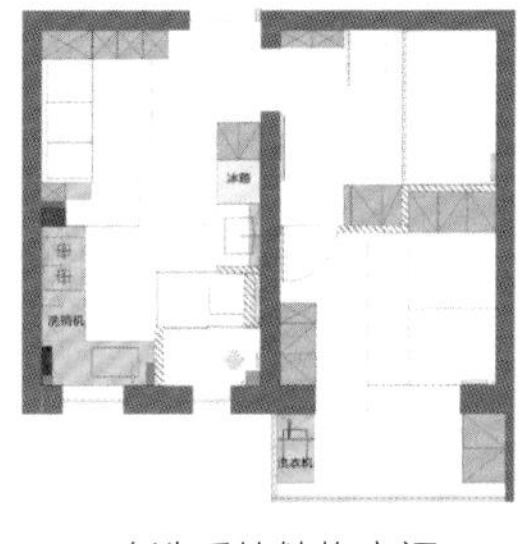

改造后的储物空间

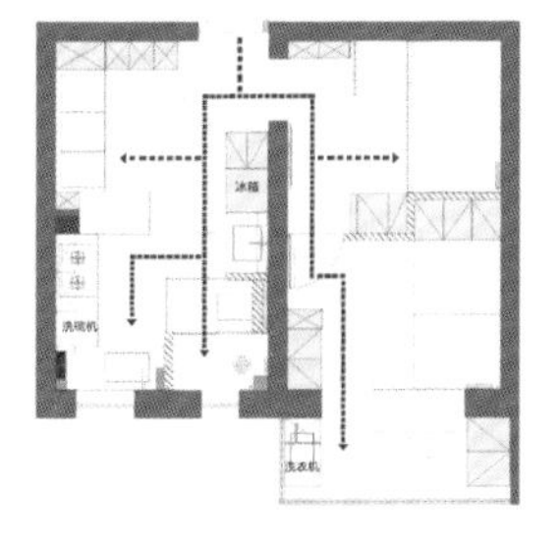

改造后的动线

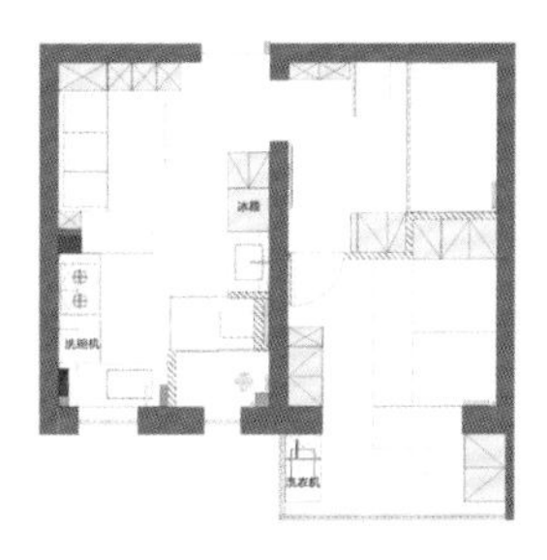

改造后的平面图

玄关

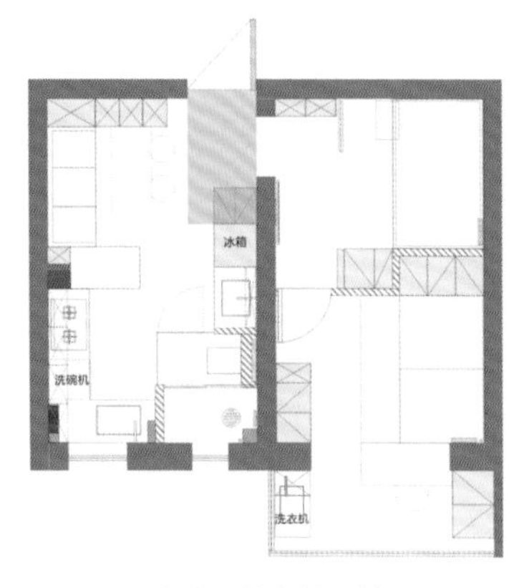

改造后的玄关区域

原始户型没有玄关，入户区域缺少系统的储物空间。为了解决这个问题，在玄关处增加了一组功能柜，外侧是通顶的衣帽柜和鞋柜，内侧是嵌入式的冰箱柜。这样一来既增加了玄关区域的储物空间，又解决了冰箱的位置问题。

客餐厅一体化

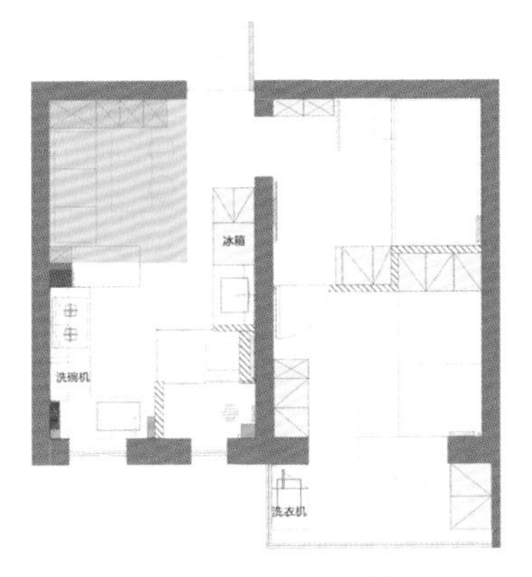

改造后的客餐厅区域

厨房的开放式设计让客餐厅拥有了充足的采光和通风。对原来的餐厅区域进行复合化设计，采用客餐厅一体化设计，并在边柜中隐藏了折叠餐桌。这样的设计可以满足小户型的空间功能切换。

卫生间

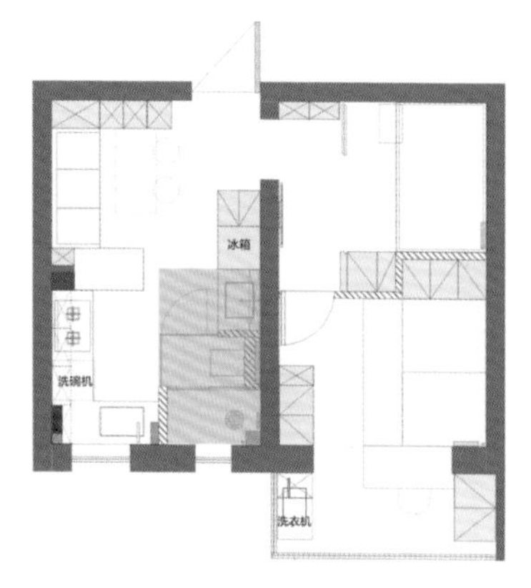

改造后的卫生间区域

将洗手盆外移，并采用 1 cm 厚的夹胶玻璃替代 14 cm 厚的瓷砖墙体。这样一来，两面墙就省出了 28 cm 的厚度，这对于寸土寸金的小户型来讲十分实用，该设计有效扩大了卫生间的内部空间，并形成了“三分离”。

卧室

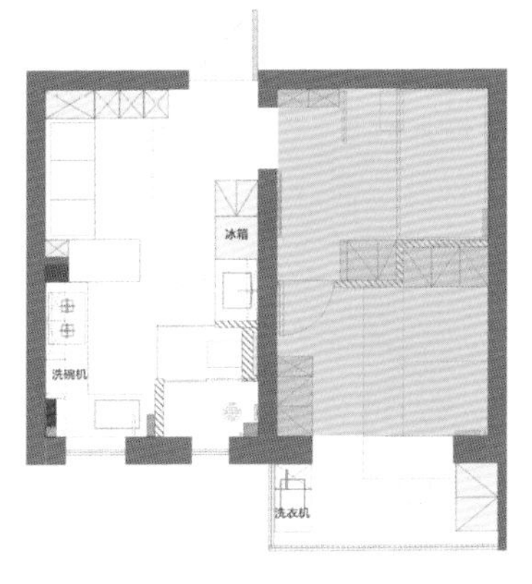

改造后的卧室区域

右侧的房间一分为二，规划为主卧和次卧。靠近玄关的次卧选用了双层床，上层是小朋友的床，下层是奶奶的床。通向主卧的通道安装了壁挂电视，满足老人看电视的需求，推拉门的设计节省了次卧的面积。主卧采用地台设计，在节省面积之余也增加了不少储物空间。

阳台

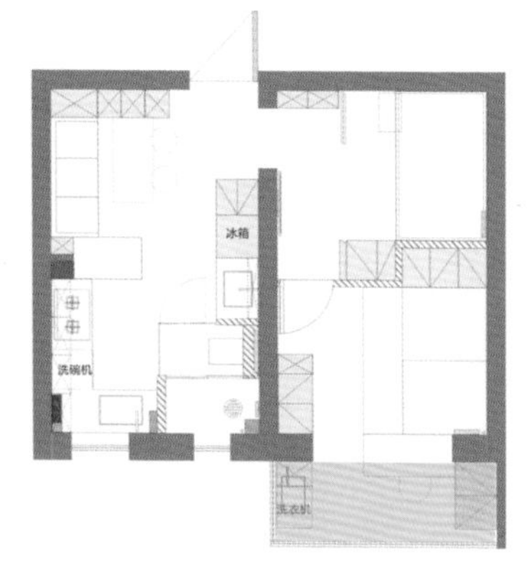

改造后的阳台区域

现在有很多案例是把阳台的配重矮墙拆掉来扩大卧室面积，但这样其实会产生很大的安全隐患。轻则导致阳台下沉，重则严重影响建筑安全。其实可以换个思路，利用配重矮墙的高度巧妙地把它当成桌腿，从而将其设计成书桌。这样卧室也能拥有一个舒适的办公区，赶上在家办公，也能轻松应对。

除此之外，阳台还增加了洗衣功能，不仅安排了洗衣机，还设计了洗手盆，小件衣物随手清洗，十分方便。

暖心贴士

将阳台改造成洗衣房的注意事项

首先要看阳台的承重情况，很多老楼房的阳台本身承重性能较差，再加上年代久远，可能并不适宜放置洗衣机。

其次阳台要有下水地漏，且下水地漏一定是污水地漏，而不是雨水地漏。

再次就是要做好防水，阳台一般不会做专业防水，但如果决定将其改造成洗衣房的话，就需要跟卫生间做一样的防水。

另外，如果条件允许的话，也可以加装面盆。这样一来，既可以随手洗小件衣物，又能作为第二洗漱区，方便家人使用。

案例 3

“70 年老房”变身 LOFT

破解 54 m^2，老建筑的居住难题

这个项目是个有着 70 年房龄的苏联式老建筑。就像大多数老房子一样，厨房和卫生间都很小，只有一条过道充当餐厅，没有独立的客厅。其中一间面积较大的房间既是客厅又是卧室。但让人欣喜的是，它的层高有 2.94 m，这样的层高在现在的户型中并不多见，是个可以利用的优势。

户型结构： 一厅一室一厨一卫
所在地区： 北京市
建筑类型： 砖混结构苏联援建板楼
使用面积： 54 m^2
户型层高： 2.94 m
常住人口： 母亲 + 年轻女孩

扫码查看相关视频

SUNSHINE

▶户型分析

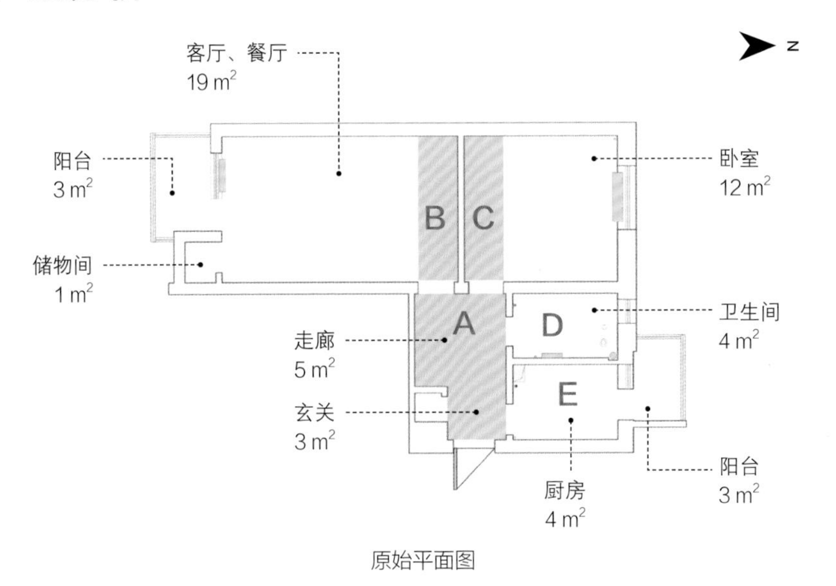

原始平面图

户型优点

1. 南北朝向，采光通风良好。
2. 有两个阳台。
3. 层高相对较高。

户型问题

A. 此空间为交通空间，无明显规划的储物空间，空间利用率低。
B. 此空间功能单一，空间利用率低。
C. 此空间功能单一，空间利用率低。
D. 卫生间面积较小。
E. 此空间无明显规划的储物空间，空间利用率低。

未利用空间约 12.36 m²
占整体面积的 2.89%

房主需求

1. 需要一间客厅。
2. 需要两间卧室。
3. 需要充足的储物空间。
4. 需要大一点的卫生间

设计理念

房子就像一个钢筋混凝土的盒子，每个房间都是一个小盒子，相同高度的小盒子左右相连进行组合。而此次的设计理念就是充分利用其层高的特点，在常规的盒子组合中置入一个不同高度的盒子。新盒子的置入打破了常规的组合方式，使得各个空间的划分更灵动，同时利用其层高优势，底部空间设计为衣帽间，上部空间设计为卧室。这样既增加了功能性，又最大限度地提高了空间利用率，空间也更富有层次感。

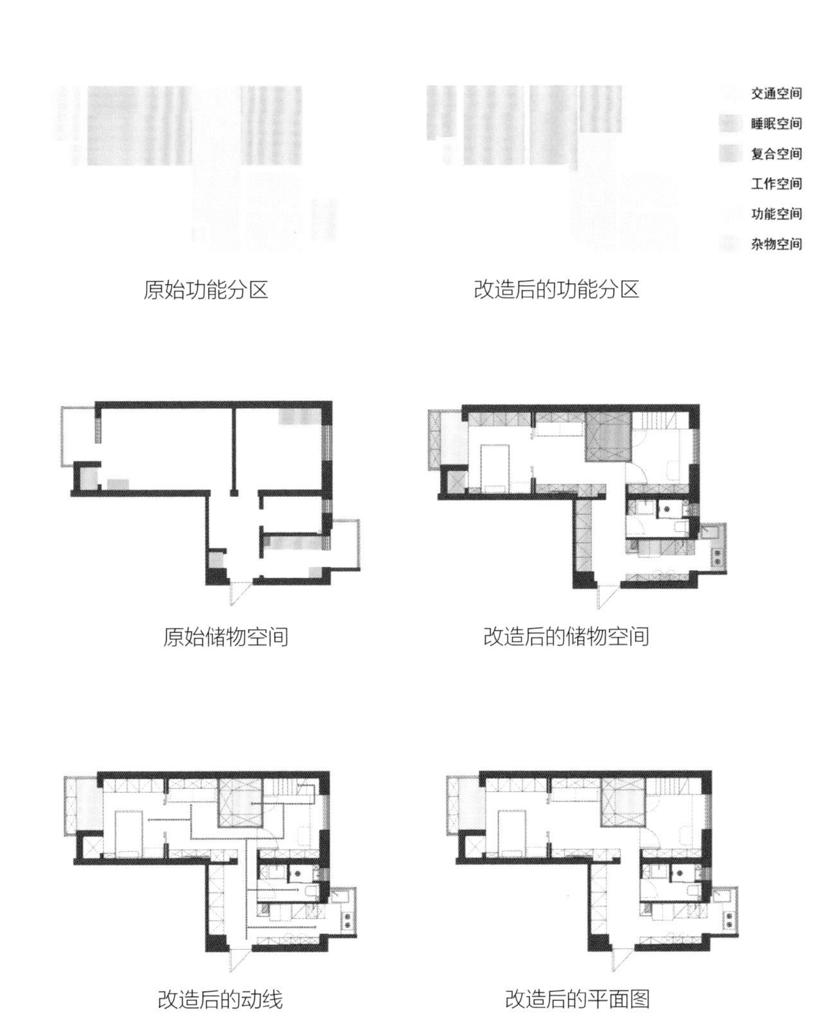

原始功能分区　　改造后的功能分区

原始储物空间　　改造后的储物空间

改造后的动线　　改造后的平面图

玄关

改造后的玄关区域

玄关处规划了充足的储物空间，灵活的抽板式鞋柜、换鞋凳、衣帽柜样样俱全，不仅如此，还内置了大、小两台洗衣机，并将家政用品全部都收纳进去，使得空间更为整洁、干净。

厨房

改造后的厨房区域

厨房区域进行了中西厨的分区设计，并利用边角空间进行储物规划。更内置了迷你早餐台，美观的同时也承担了日常餐桌的功能。

卫生间

改造后的卫生间区域

采用干湿分离的设计手法划分空间，减少卫生死角的同时使得空间变得整齐美观。在洗手盆一侧规划储物空间，既满足了房主一家的日常使用，又具有一定的美观性。

客厅

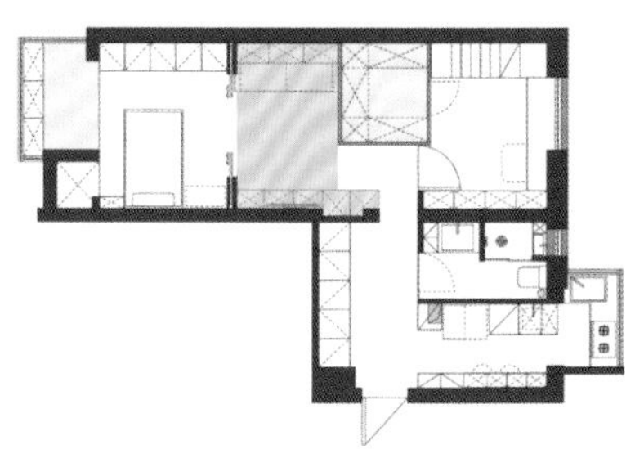

改造后的客厅区域

原始户型中并没有独立的客厅区域，这样就导致了动静分区不明显。经过重新规划设计后，客厅被设置在两个卧室中间，可起到一定的空间缓冲作用，让两个卧室互不干扰，并进行系统的储物规划，将电视背景墙和收纳柜结合，兼具美观性与实用性。

卧室

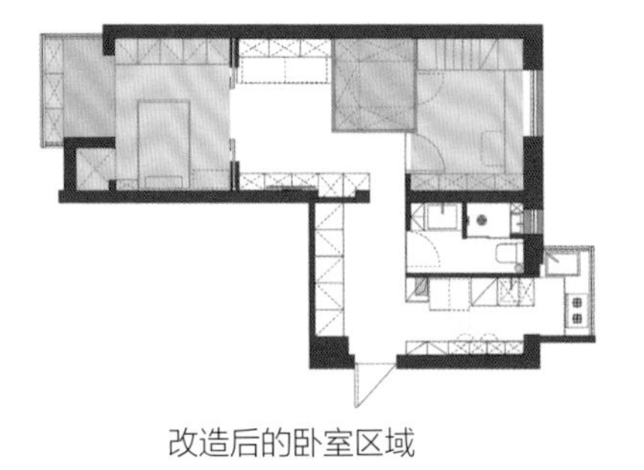
改造后的卧室区域

靠近卫生间的次卧为女儿的房间，在空间中置入“盒子”。盒子下部是衣帽间，上部是女儿的睡眠区，用钢板楼梯进行连接。

在次卧靠窗的位置设计了一组书桌，连接侧墙的书柜和储物柜，形成了围合型的小书房。

通过“盒子”的设计理念，将原始户型中的小次卧变成了一间 LOFT，美观的同时还兼具了书房、衣帽间等多种功能，有效地提升了空间利用率与储物功能。

主卧作为母亲的卧室，用玻璃推拉门和客厅进行分隔，既保证了客厅白天的采光和通风，又进行了动静分区。在主卧阳台处设计了一组榻榻米，增加储物空间的同时，也是一个阳光明媚的休闲角，在这里喝杯咖啡看看书，或是中午小憩一下，都是非常好的选择。

暖心贴士

中西厨分区的优点

可以增加操作台面，方便不同小家电的操作与使用。

分区后很多厨房电器都有了更合理的收纳和使用空间，例如蒸烤箱、豆浆机、榨汁机等，不用担心电器久置不易清洁。

西厨还可以和水吧相结合，设置咖啡机、面包机，满足更多功能需求。

西厨更可以和餐厅、客厅相结合，进行一体化设计，打造为家中的第二个会客区。

“盖世武功”

“盖世武功”的设计灵感来源于金庸先生笔下的武侠世界，“飞雪连天射白鹿，笑书神侠倚碧鸳”。鲜衣怒马的绿林世界不仅满足了幻想，而且催生了新的灵感。“凌波微步、九阳神功、乾坤大挪移”，这些盖世武功不仅在武侠世界里神乎其神，在室内设计里也十分好用。

“乾坤大挪移”——空间置换

客厅变卧室，痛点变优势

简单来说就是功能空间的互换，让合适的功能空间出现在合适的位置上，从而解决原始的户型问题。此案例是一套标准的两居室，客厅和一个卧室朝南，另一个卧室朝西。这种狭长的客厅在北方很常见，既不显宽敞，采光也差一些。运用“乾坤大挪移”的设计理念，将客厅与卧室的位置互换，从而解决问题。

户型结构： 两室两厅一厨一卫
所在地区： 北京市
建筑类型： 钢筋混凝土结构塔楼
使用面积： 75.79 m^2
户型层高： 2.55 m
常住人口： 夫妻俩 + 小学男孩

▶户型分析

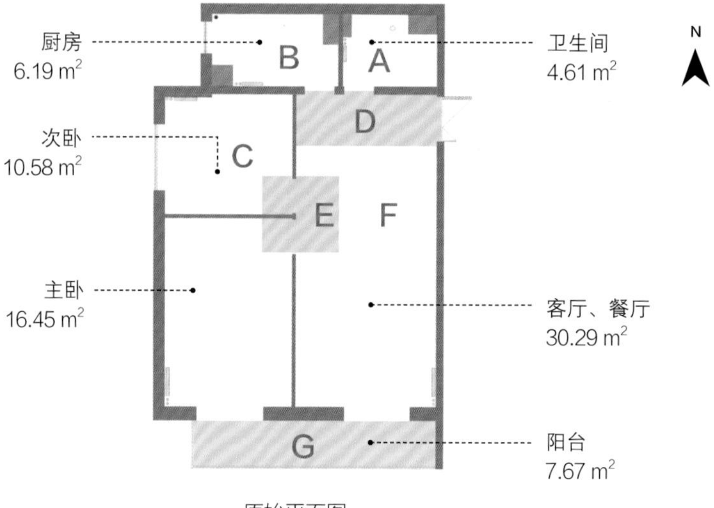

原始平面图

户型优点

1. 户型整体方正，采光面广。
2. 客厅与主卧有大面积窗户，采光通风较好。
3. 阳台面积大。

户型问题

A. 卫生间面积较小。
B. 厨房区域整体较狭长，面积较小，空间利用率低。
C. 次卧面积较小且采光较差。
D. 此区域主要功能为交通功能，无明显储物规划，空间利用率低。
E. 此区域主要功能为交通功能，无明显储物规划，空间利用率低。
F. 客厅区域较狭长，采光较差。
G. 阳台区域整体狭长，空间利用率低。

未利用空间约 18 m²
占整体面积的 23.75%

房主需求

1. 需要两间采光较好的卧室。
2. 需要相对安静的学习办公空间。

设计理念

采用“乾坤大挪移”的设计理念，将次卧区域与部分客厅区域进行功能互换，这样一来既得到了采光较好的卧室，又塑造出了宽敞大气的客厅。

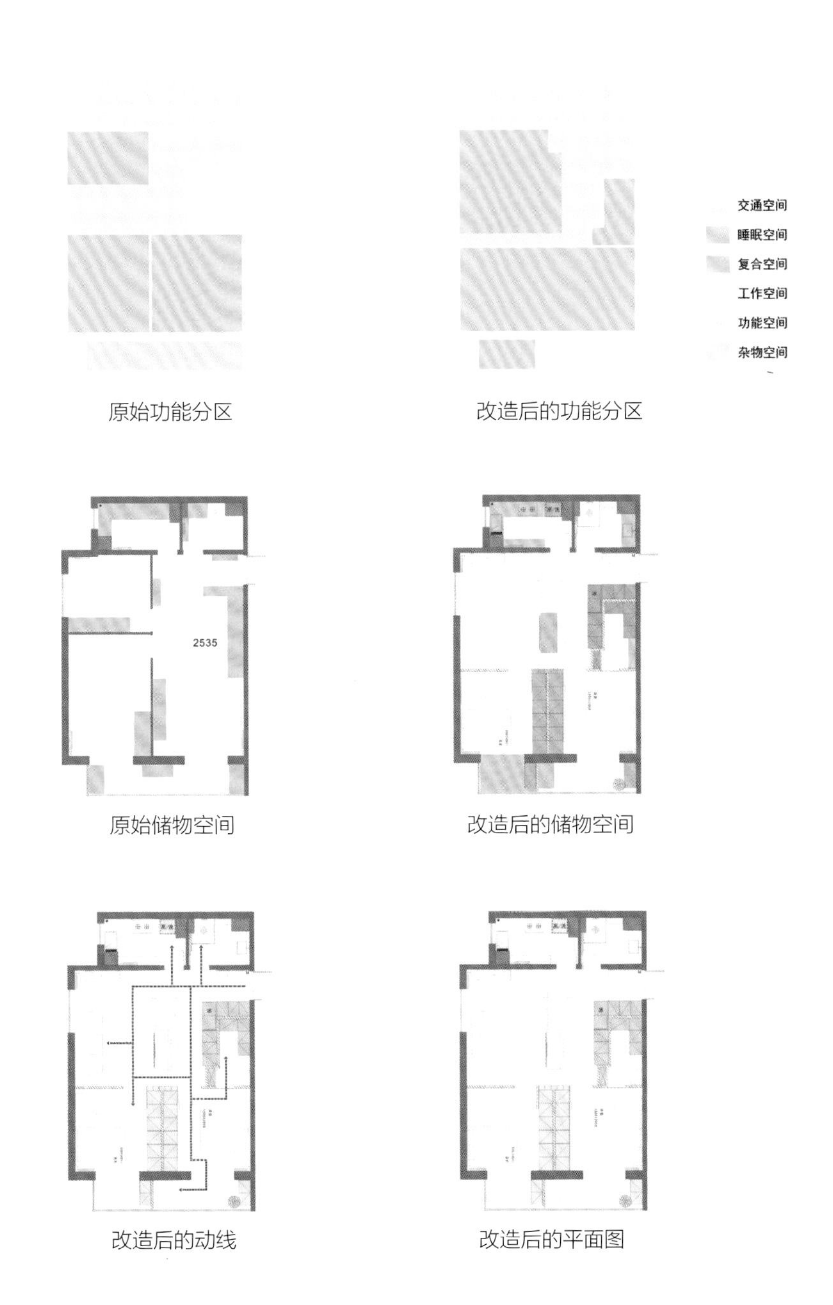

原始功能分区　改造后的功能分区

原始储物空间　改造后的储物空间

改造后的动线　改造后的平面图

玄关

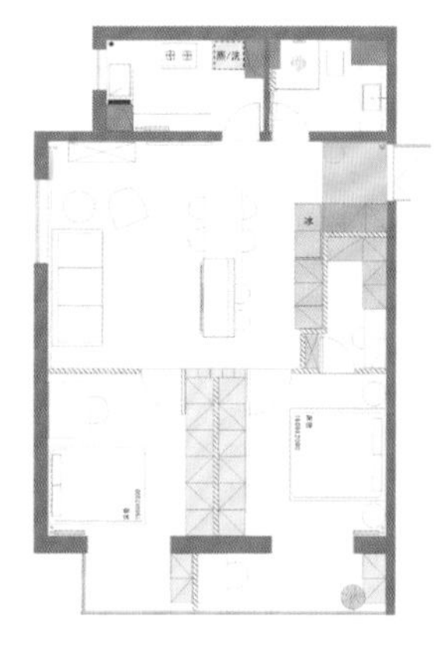

改造后的玄关区域

原始户型中并没有独立的玄关区域作为衔接室内外的缓冲区，为了解决这一问题，增加一组衣帽柜用来解决日常出入时的储物问题。黑色的长条鞋柜既可以存放鞋子，又可以当作换鞋凳，一物两用，十分实用。

卫生间

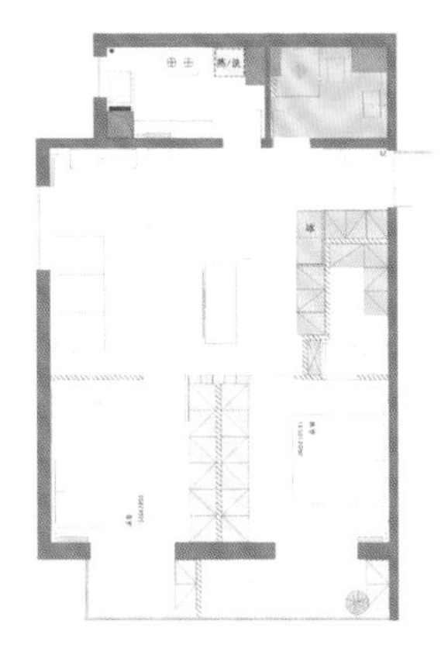

改造后的卫生间区域

卫生间区域进行干湿分离设计。虽然卫生间整体框架不能改变，但经过精心设计，重新规划了内部分区，采用墙排马桶和悬空式洗手台，避免有卫生死角，打扫卫生也更方便。

厨房

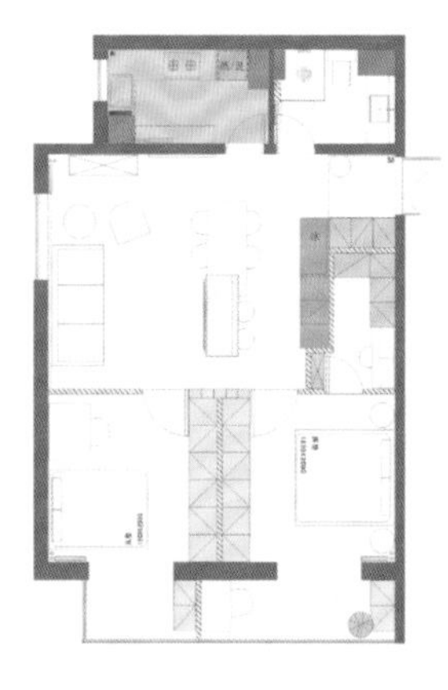

改造后的厨房区域

厨房区域进行中西厨分区设计，中厨区域保持封闭状态，避免油烟外泄造成清洁困难。西厨区域与餐桌相邻，缩短动线的同时还增加了系统的储物空间，方便日常使用。

客餐厅一体化

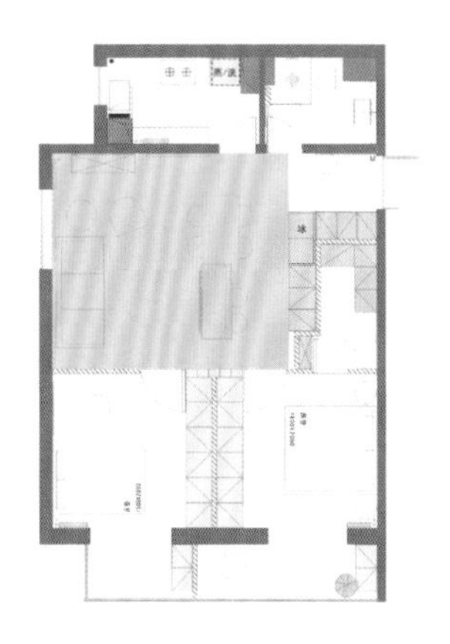

改造后的客厅与餐厅区域

这套房子最大的问题是客厅区域狭长，十分影响整体采光。经过调整后，客厅空间较为方正。采用客餐厅一体化设计，使得整体空间宽敞、灵动。

卧室

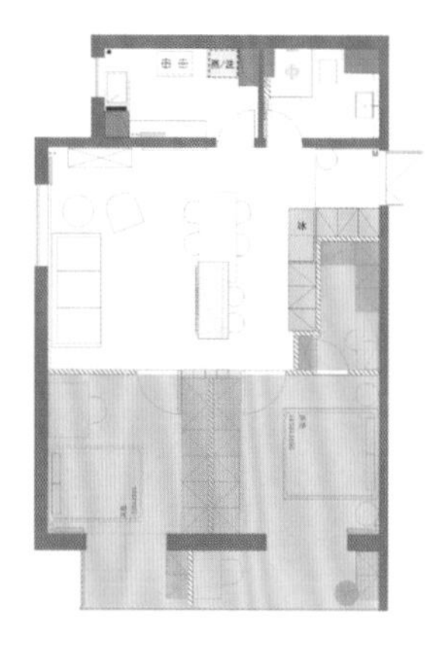

改造后的卧室区域

1. 隔音问题

将部分客厅空间变为卧室后，在两个卧室之间新建一面墙体。新建墙体的材料采用的是轻体砖，隔音效果一般，在墙体两侧定制衣柜，这样一来，既增加了储物空间又起到了隔音的作用。

2. 复合空间

将卧室打造为复合空间。次卧兼具书房功能，主卧利用玄关衣帽柜和西厨柜体围合出一间步入式衣帽间，并内置化妆角，充分满足女主人的储物和化妆需求，提高了空间利用率。不仅如此，还将与主卧相连的阳台设计成书房，复合空间的设计概念让卧室的功能性更强。

3. 阳台新生

将大阳台一分为二，一半并入主卧，一半并入次卧。重新设计后的阳台变成了书房和休闲玩具区，摆脱了大家对阳台的传统印象，让阳台高效率地融入现代生活中。

“九阳神功”——不破不立

重塑空间的度假小屋

“九阳神功”的特点在于不破不立，将这一特点应用到室内设计中也会呈现出意想不到的效果。此案例是一套度假用房，原始户型为两室两厅一厨一卫。两个卧室朝向小区的园林和泳池，其中一个卧室连着景观阳台，采光通风效果较好。缺点是动线较长，想要进入景观阳台需穿过卧室，十分不便。运用“九阳神功”的设计理念，将原始户型中的非承重墙拆除，对户型进行重新规划，从而解决户型的动线问题，并将户型优势放到最大。

户型结构： 两室两厅一厨一卫

所在地区： 三亚市

建筑类型： 钢筋混凝土结构塔楼

使用面积： 63.3 m^2

户型层高： 2.85 m

常住人口： 夫妻俩

扫码查看相关视频

▶户型分析

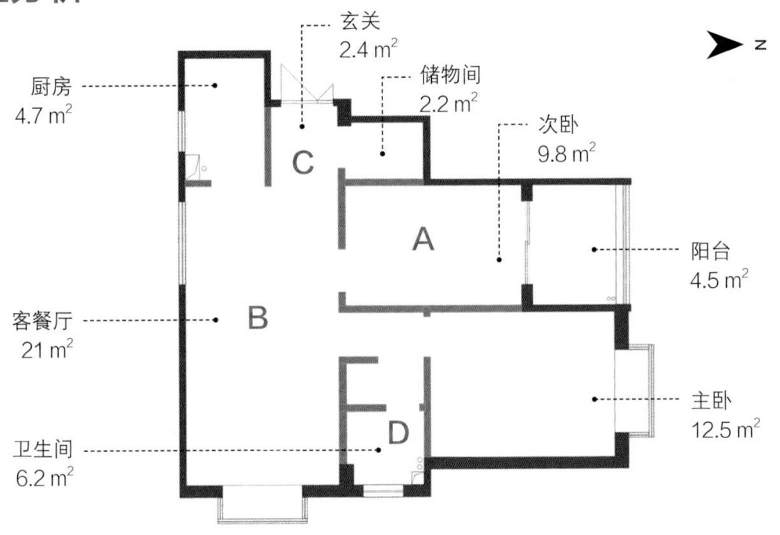

原始平面图

户型优点

1. 三面采光，通风良好，非常适合热带的气候。
2. 有观景阳台，景观较好。
3. 配备独立的小储物间。

户型问题

A. 去阳台观景要穿过卧室，动线过长，十分不便。

B. 客厅区域没有景观（度假的房子客厅有景观，白天居家才更有度假感，卧室通常都是晚上才用，所以对景观需求没有客厅大）。

C. 玄关区域较为狭长。

D. 卫生间较小。没有合理的洗衣机位置。

房主需求

1. 需要一条便利的观景轴线。
2. 需要相对充足的休闲空间。
3. 需要基础的储物空间。

设计理念

既然是度假的房子，肯定要有度假的氛围感，但直接套用草席、斜屋顶、假木梁的话会显得有些生硬，且因为建筑结构不同，把木结构的元素照搬到钢筋混凝土的方盒子里会显得很违和。所以采用了“写意不写形”的设计手法来塑造度假的氛围感。

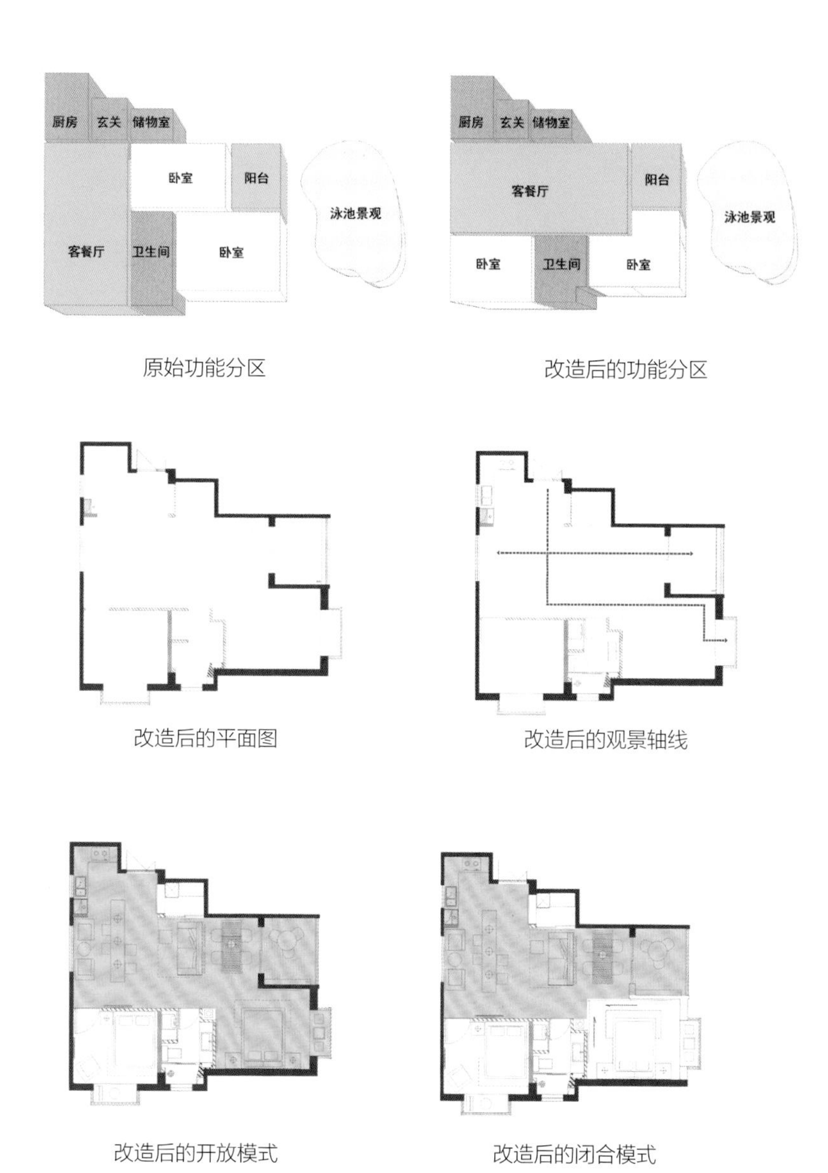

原始功能分区

改造后的功能分区

改造后的平面图

改造后的观景轴线

改造后的开放模式

改造后的闭合模式

不破不立，重塑空间

将室内的大部分非承重墙体拆除，让户型结构恢复大框架状态，从动线入手，重新规划空间。

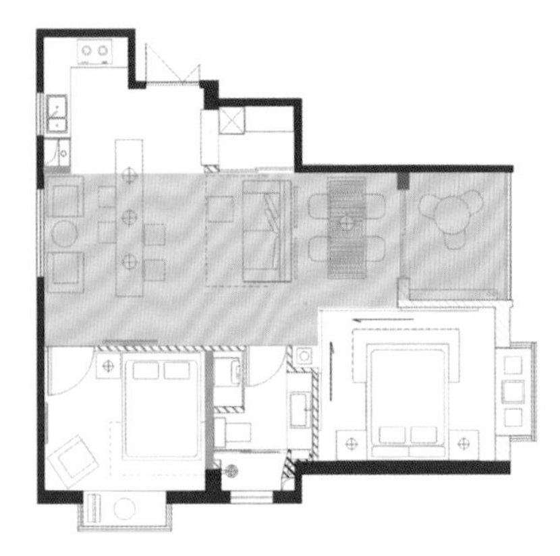

改造后的观景空间

在原始户型中，露台与客厅之间隔着一间卧室，想去露台的话必须要穿过卧室，这样的动线十分不便且动静不分。经过改造后，将卧室区域重新规划，保留主要的观景轴线，并在轴线上设置各个功能空间。比如，客厅、餐厅等，这样一来，既满足了度假中观景休闲的需求，又满足了基本的功能需求。使用起来更加舒适，动线也更加合理。

临近厨房的一侧增加了一组长吧台，不仅可以作为用餐区域，还可以作为工作休闲的区域。两面有窗，通风采光都非常好。夏天的夜晚坐在这里看看书、喝喝茶，感受着徐徐的晚风，十分惬意。吧台下部是一排储物柜，一长排的柜子也是一处很能“装”的储物空间。

在吧台左侧的窗下还设计了一个休闲角，坐在藤编沙发上远眺窗外的临春河，闲适又惬意。

由于房子并非常规住宅，所以客厅的沙发也没有采用常规的布局，而是随意地摆放在客厅和餐厅的交界处，并将该区域作为两个空间的缓冲区域。

餐厅选择了实木的餐桌搭配藤编的休闲椅，度假感十足，这里同时也是一处惬意的茶室。餐厅右侧就是开放的观景阳台，推拉门的设计让餐厅区域的视野更为宽广，每每用餐之余都能感受到阵阵海风，看着泳池、椰林，十分舒心。

功能空间

改造后的功能空间

玄关：经过改造，原始户型中储物间的门洞移到了侧面，这样玄关处就可以设计出一组鞋柜，增加储物空间的同时也增加了玄关的美观度。

厨房：拆除原始户型中厨房的墙体，改为开放式厨房，让空间更加开阔。

储物间：虽然面积小，但是经过合理的规划还是很能“装”的，衣物、被褥、行李箱都有了合理的位置，分担了全屋的储物压力。

卫生间：将卫生间右侧墙体向右平移 30 cm，使得卫生间可以双面布局。这样一来，既有了宽敞的洗手台，又有了空间可以放置一组上部是热水器、下部是洗衣机的设备柜，实用之余更兼具了美观性。

休息空间

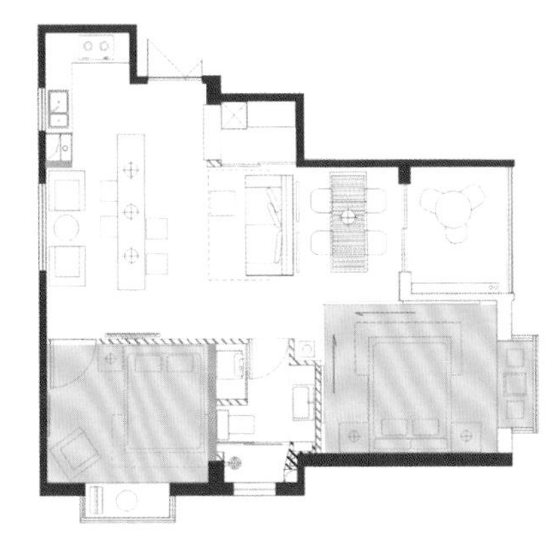

改造后的休息空间

经过改造，原始户型中的部分客厅区域被设计为卧室，并将原本的主卧室改造为可开放、可闭合的两用式设计。这样一来，开放时打开卧室的推拉门，让卧室和客餐厅连接在一起，共享整个空间；闭合时是一间独立的卧室，两间卧室互不干扰。灵动的空间设计，让生活更有趣。

通过运用实木、藤、竹这些当地的材料保持整个空间的和谐统一。材料的加持让空间看上去自然淳朴了很多，这才是享受大自然。

新建墙体直接采用轻钢龙骨配合实木板材，实木饰面的墙体既是分隔结构又是装饰，这样的设计既节省费用又凸显墙面的质感。因为 2.85 m 的层高是整个房子中的亮点之一，所以舍弃了装饰吊顶，最大限度地保留了空间的开阔感。

瓷砖也是全屋共用一款，根据不同的空间尺度把瓷砖裁切为不同的形状和大小。同一个设计语言的反复利用，能够从视觉上延展空间，心境也随之开阔。

形式上的简洁将房子的优势发挥到了极致。通透开阔的空间、统一的材质，仿佛让空间中的空气都流动了起来。这种干净且舒适的感受，并不是装饰可以代替的，空间的开阔和动线的流畅，都大大提高了居住的舒适度。

每个空间都不拘泥于常规，如把餐厅设置成吧台的样子、在窗边设计一些喝茶聊天的空间、在阳台上设计一个独处空间，保证每个空间都可以随时坐坐。一些细节上又能够体现出海岛度假的惬意氛围，如藤编的椅子、实木的餐桌和屏风、竹编的灯具、四处淘来的工艺品以及不远万里背回国的手工玻璃杯等。

暖心贴士

度假房产和常规性住宅的区别

1. 功能性的不同

用来度假的房子和都市里的家是完全不同的，每个空间的功能性都十分模糊，一切以舒服、放松为目的，可以没有明确的客厅、餐厅等空间分区。

度假的房子更加舒适，喝瓶啤酒看个球赛，泡杯茶看看书，或者边工作边欣赏风景，等等。生活不再依循某种秩序，而是随遇而安。

2. 储物需求的不同

城市里的家为满足生活的需求都会把储物系统看作十分重要的部分，要最大限度地满足储物需求。但对于度假小屋而言，居住时间不长，对收纳需求不高，因此可以将空间尽量让出来，营造更开阔的空间感。

3. 装修费用的不同

既然不是第一居所，那每年居住的时间大多不长，从经济的角度考虑肯定要尽量减少开支，设计装修简单实用就好。

总而言之，当空间的属性不再是刚需时，就要尽量满足情感需求。既然是专门用来享受生活的空间，那必定要舍弃一些条条框框，让它更加随意一些。

喝着啤酒看着美景，吹着海风吃着海鲜，这才是生活啊！

“北冥神功”——为我所用

北京 38 m^2 小户型，这样设计放大一倍

“北冥神功”出自逍遥派，意在吸取别人的内力收为己用，迅速提升战斗力。这点运用到室内设计中就是面积小的空间吸收面积大的空间，将二者的优点进行融合，从而减弱原始户型的缺点。此案例位于北京房山区，房子是回迁房，38 m^2 的使用面积竟然是一个两室一厅一厨一卫的户型，可见每个房间的面积都不大。房主是一位五十岁左右的女士，对房子的主要要求是空间宽敞、简单舒适、方便打理。

户型结构：两室一厅一厨一卫

所在地区：北京市

建筑类型：钢筋混凝土结构塔楼

使用面积：38 m^2

户型层高：2.6 m

常住人口：女房主

▶户型分析

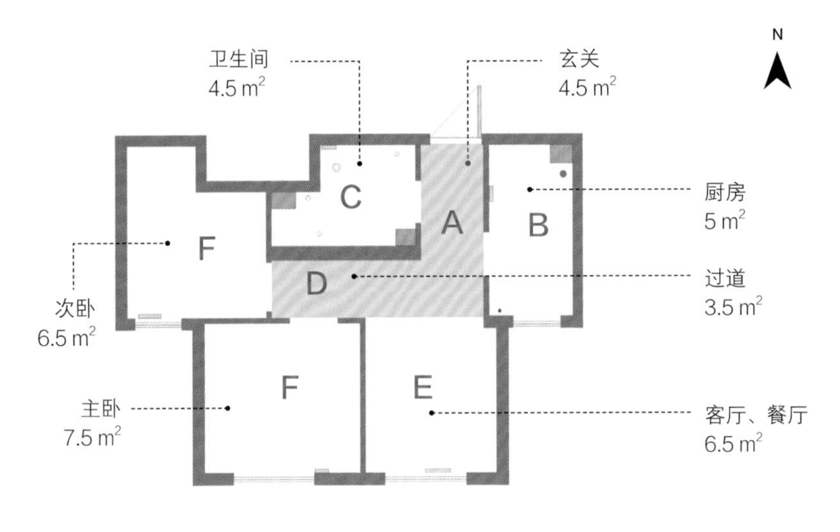

原始平面图

户型优点

1. 客厅、卧室的采光与通风较好。
2. 厨房面积相对较大。

户型问题

A. 此区域无系统储物空间，空间利用率低。
B. 厨房区域空间狭长，交通空间占比较高，储物空间不够。
C. 卫生间区域形状不规整，空间不好利用。
D. 此区域主要功能为交通功能，无明显储物规划，空间利用率低。
E. 客厅区域面积相对较小。
F. 卧室面积相对较小。

未利用空间约 8 m^2
占整体面积的 21.1%

房主需求

1. 需要良好的通风与采光。
2. 需要充足的储物空间。
3. 需要简洁的动线，方便后期清洁。

设计理念

采用“北冥神功”的设计理念，将主卧的部分空间放入客厅内，重塑一间宽敞的客厅，并将整个房子重新整合划分为多功能开放区、家政区和卧室区。

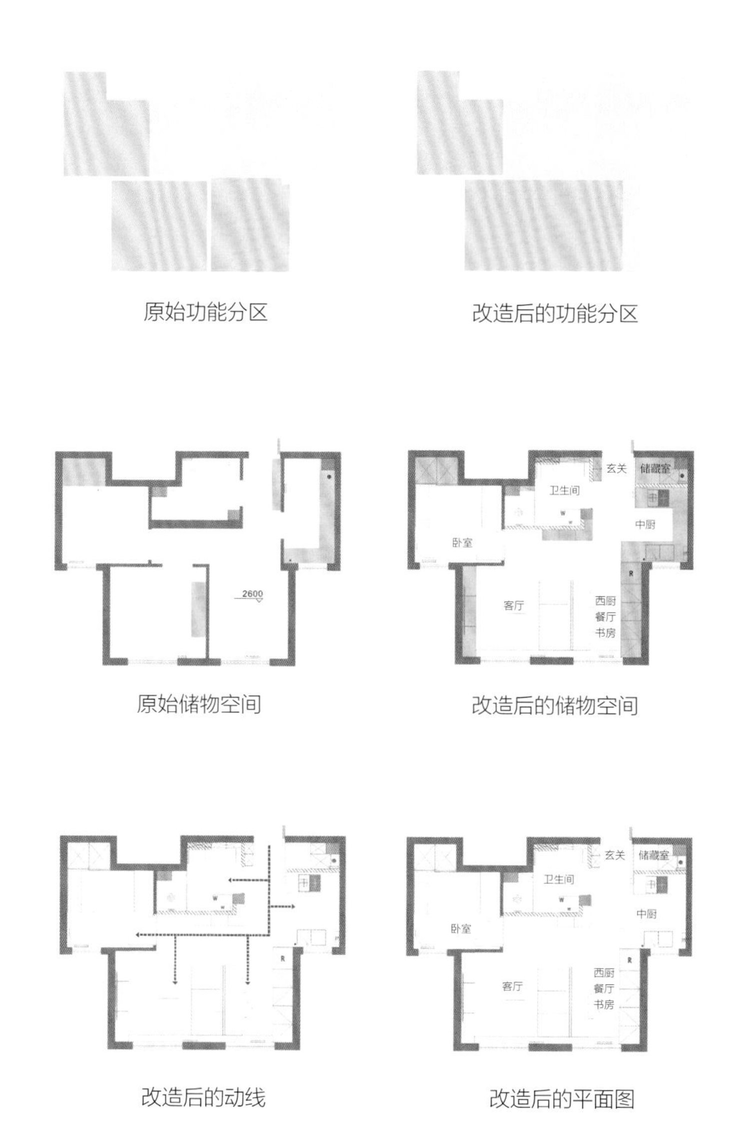

交通空间
睡眠空间
复合空间
功能空间

原始功能分区　　改造后的功能分区

原始储物空间　　改造后的储物空间

改造后的动线　　改造后的平面图

多功能开放区

改造后的多功能开放区

将面积扩大后的客厅、餐厅与新增的西厨区合为一体，整体看就形成了一个多功能开放空间。房主独居，所以对她来说，有些空间是可以被优化的，把更多的面积留给更重要的空间。如餐厅，房主并没有多少招待客人的机会，所以餐厅区域预留一个满足一人食的空间足矣。

在客厅与厨房衔接的地方设置了一组组合柜和小吧台，其作用是作为厨房的补充空间，同时也是一个小型的西厨空间，可以放置很多厨房小家电，冰箱也可以巧妙地隐藏其中。

小吧台的功能不仅是用餐，还可以作为办公、休闲的地方，在不同的时间段发挥不同的作用。边喝咖啡边看书，这个空间可以说是整个房子里最治愈的角落了。即便是一个人的生活，也要过得精致多彩。

小户型的客厅是可以自由变化的。但因为此案例的房主是独居，对于客厅的需求较为简单，除去自己休闲观影之外，最多的就是招待朋友，所以在客厅里，除沙发以及电视机之外，其余家具都选用了小巧且便于移动的类型，这样就能保证这个空间可以随时变身，成为活动空间。如铺上垫子练个瑜伽，又或是朋友围坐喝茶聊天等。

两个窗户的采光使得整个空间看上去十分明净、敞亮，这样开阔的格局也解决了原始户型里房间狭小的问题。

家政区

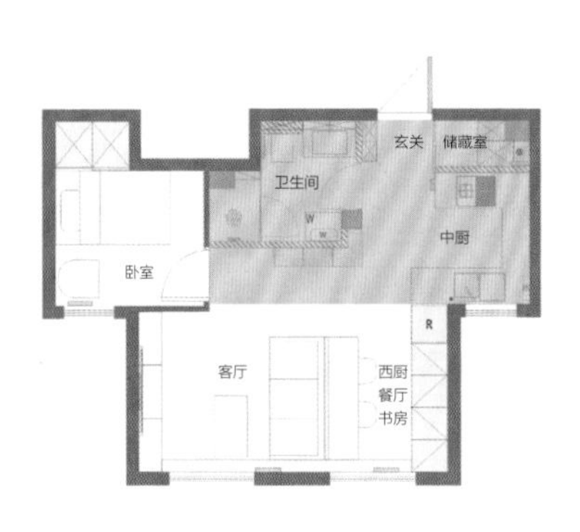

改造后的家政区

此区域由玄关、卫生间、新增储藏室和厨房组合而成。虽然房主收纳需求不多，但是会经常去旅行，行李箱的收纳空间必不可少。考虑到这一点，设计时从厨房挤出一点空间做了一个小型的储物空间，用来放置家政用品和行李箱。

储藏室与卫生间分别位于玄关两侧，三者组合成一个系统的空间，便于入户后进行整理和清洁。而且此区域虽然是储物空间，但也兼具了换衣的功能，是一个综合性的家政空间。在布局上，此区域也成了室内和室外之间的过渡区域。

将家政区集中在一起，能够有效提高生活效率，也满足了房主对房间整洁的需求。

卫生间是此次案例中需要重点改造的地方。它位于玄关左侧，这是天然的优势，入户即可进行清洁。干湿分离的设计是必需的，除此之外，卫生间里还摆放了一台洗烘一体机和一台壁挂迷你洗衣机，方便分类清洗衣物，更加健康卫生。

一个房子里最不能够忽视的地方就是厨房，美味的食物会给人的生活带来幸福感。开放式的厨房不仅在制作美食时能给人带来好心情，而且能够与其他空间融合，空气流动和情绪流动都更加自由。

厨房里的设备一应俱全，由于房主独居，特意选用了节省空间的水槽式洗碗机，节约且环保。厨房的设计设备排布合理，收纳整洁，且不繁复，舒适、整洁、有条理，兼具美观性和实用性。

卧室区

改造后的卧室区

在小户型中，卧室承担着睡眠和收纳的功能。此案例中卧室是众多空间中变动最小的，整体格局没有改变，只是增加了衣物收纳空间。虽然空间面积有限，但十分具有包裹感，这样的空间尺度能够给予人心理上最大的安全感。

设计应有取舍。过度装饰可能会造成财力、物力、精力的浪费，而不全面的考虑则会影响居住体验。只有合理地取舍和适度地修改才是设计的灵魂。

“空间魔术”

魔术师是一种将不可思议的事情呈现在众人面前的职业，而“空间魔术师”则能够通过有趣的想法、有意思的设计巧妙地帮助有需要的人们解决他们的户型缺点和居住问题。并在设计的同时去创新、创造和引导新的居住理念和生活方式，以满足更多人的居住需求。

1.0 时间轴

北京 48 m^2 三室四厅是什么样

“北京 48 m^2 的三室四厅是什么样”这个热搜词条在北京卫视《暖暖的新家》节目播出后迅速占据了微博热搜榜。房子的位置很好，但实际使用面积却十分有限，仅有 48 m^2。常住人口为六人，由姥姥、姥爷、房主夫妻俩、初中女儿与 1 岁弟弟组成，男房主是英国人，文化差异和祖孙三代的家庭结构让设计的难度更上一层楼。最后，通过时间轴的设计理念解决了这一系列的问题。

户型结构： 两室一厅一厨一卫

所在地区： 北京市

建筑类型： 钢筋混凝土结构塔楼

使用面积： 48 m^2

户型层高： 2.45 m

常住人口： 姥姥姥爷 + 夫妻俩 + 初中女儿 +1 岁儿子

扫码查看相关视频

SIEMENS

▶户型分析

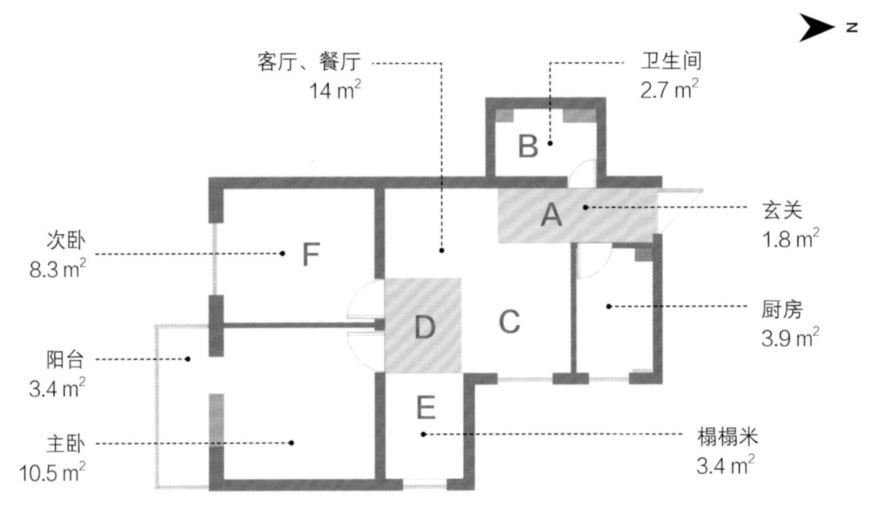

原始平面图

户型优点 户型整体布局方正。

户型问题

A. 玄关区域无系统储物空间，空间利用率低。

B. 卫生间面积较小。

C. 正方形客厅，交通空间占比较多，不易布局。

D. 此区域主要功能为交通功能，空间利用率低。

E. 此区域为非独立空间，私密性较差且面积较小。

F. 次卧面积较小。

未利用空间约 6.2 m²
占整体面积的 12.92%

房主需求

1. 玄关区域需要系统的储物空间。
2. 相对较大的客厅区域。
3. 满足一家六口用餐的餐厅。
4. 中式厨房区域。
5. 男主人需要专用的西式厨房区域。
6. 干湿分区的卫生间区域。
7. 夫妻俩的独立卧室。
8. 姥姥姥爷的独立卧室。
9. 两个孩子的卧室。
10. 可以看书、办公的区域。
11. 可以练钢琴的区域。

设计理念

采用“时间轴概念”加上一组神奇的组合柜达到空间复合利用的目的。所谓的“时间轴”概念在第一章中提到过，其实就是通过对空间的合理规划和场景预演使同一个空间在不同时间段满足不同的使用需求。

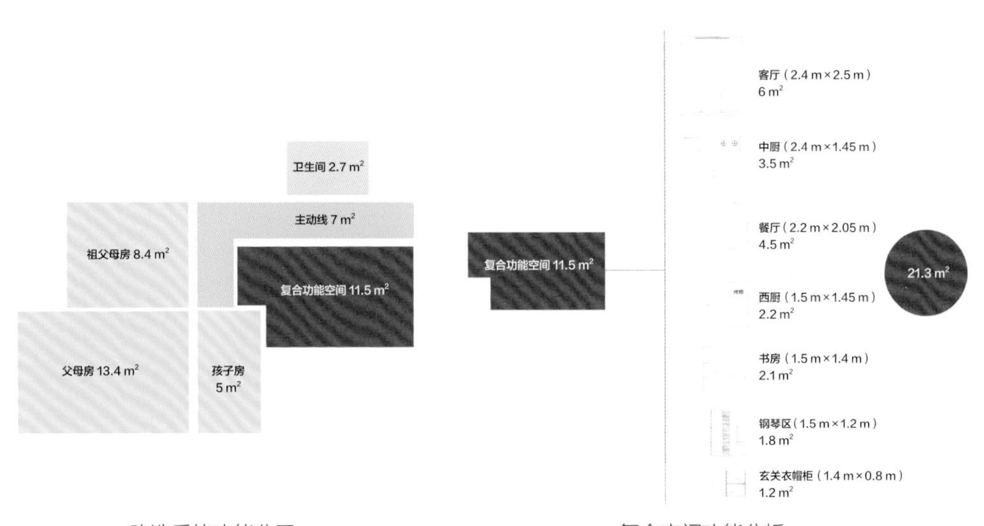

改造后的功能分区　　复合空间功能分析

改造后的储物空间　　改造后的动线

玄关

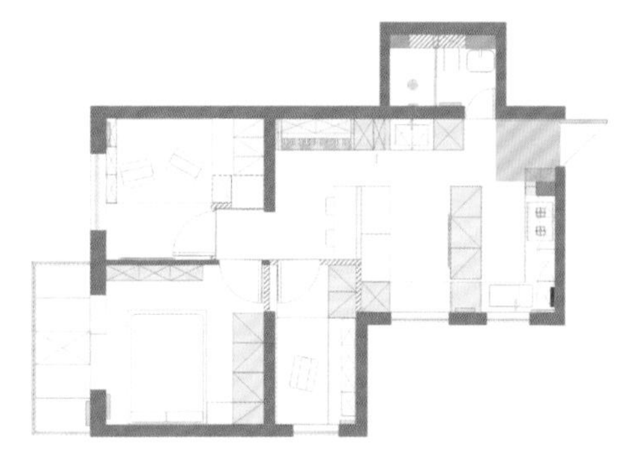

改造后的玄关区域

原始户型中玄关没有系统的储物空间，这里利用厨房管道的空隙设计了一组通顶的玄关柜。玄关柜上部是储物柜，中部是开放格可以随手放置物品，下部是鞋柜。分类使用，十分方便。

卫生间

此案例卫生间马桶为侧排式，下水管道在侧面且排水管道低于主排水管道，导致排水不畅，经常出现堵、漏、反水等问题。长此以往，管道腐蚀严重，已出现渗水现象。

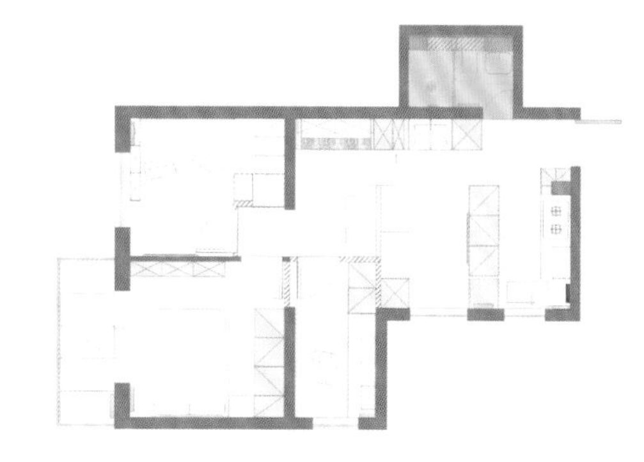

改造后的卫生间区域

1. 干湿分离

通过设计手法将卫生间区域进行干湿分区。因为需要一个独立的淋浴间，所以要在淋浴间区域单独加一个地漏，又因为原来的侧排马桶排水口高于地面，所以管道无法连接出一个新的淋浴区地漏。

最后决定改变排水方式，由原始的侧排马桶改为墙排马桶，这样一来既解决了淋浴间地漏的问题又节省了空间。

2. 消除隐患

因为以前的老房子大多是蹲厕，所以很多老房子的卫生间都有台阶，此案例也存在这样的问题。房主为此摔过两回，再加上低矮的门洞，进卫生间需要低头，使用起来十分不便。此次设计决定拆除台阶，消除高差扫除隐患。

厨房

改造后的厨房区域

因为男主人是英国人，所以希望在中厨的基础上增加西厨空间，以便日后使用。但房子面积有限，满足中厨功能尚且勉强，增加西厨功能简直难上加难。考虑再三决定从其他区域“借点面积”。比如，窗台空间。厨房隔墙拆除后将靠窗的操作台延伸出去，利用窗户的四周空间设计出包窗柜体。

这样一来，既有空间放置烤箱，又有空间进行储物，还有空间设计操作台面，满足了房主对西厨的需求。最后，加上特意设置的触控升降电源，果汁机、咖啡机、破壁机可随意切换，而且还能给手机无线充电，十分方便。

其实，不仅仅是西厨区域“借”了窗台的面积，中厨部分也“借”了一些。L 形的橱柜，增大了储物空间和操作台面，侧吸式的抽油烟机更适合日常操作。原始户型中厨房入口的墙不见了，替换成通顶的储物柜。靠近玄关一侧的是玄关衣帽柜，而内侧则是厨房的储物柜，增加了系统的储物空间。

客厅

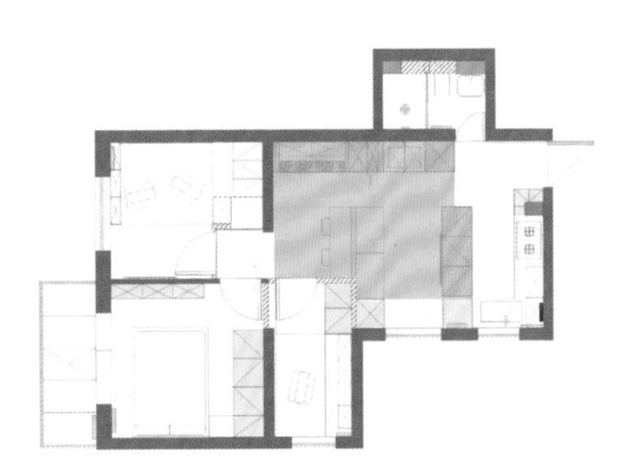

改造后的客厅区域

拆除原始户型中客厅与厨房之间的墙体，用一组通顶柜体来代替，面向厨房一侧是储物柜，面向客厅一侧则是电视墙。在电视墙对面，设计了一组卡座式沙发，围合出一个客厅空间。卡座沙发的靠背后面则设计为学习办公区域。

1. 多功能模块区

在客厅左侧增加一组多功能组合柜，柜体中间是洗手台。忙碌的早上，夫妻两人需要上班，大女儿需要上学，洗漱区就成了战场。为了解决这一问题，增加一处洗手台，不仅能满足日常使用，而且正好有空间安置洗衣机。洗手台一侧还设计了竖向抽屉，用于收纳化妆品和洗漱用品。这里还内嵌了一台冰箱，辐射中西厨。

2. 开放式书房

多功能模块区旁的钢琴是家庭里最理想的存在，有了音乐生活也会变得多姿多彩。钢琴与书桌的组合正好把通道空间利用起来，形成一个兼具练琴、工作和学习的开放式书房。

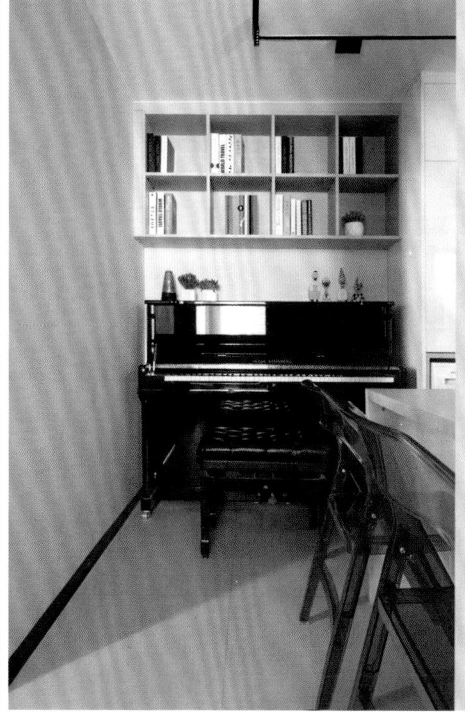

卧室

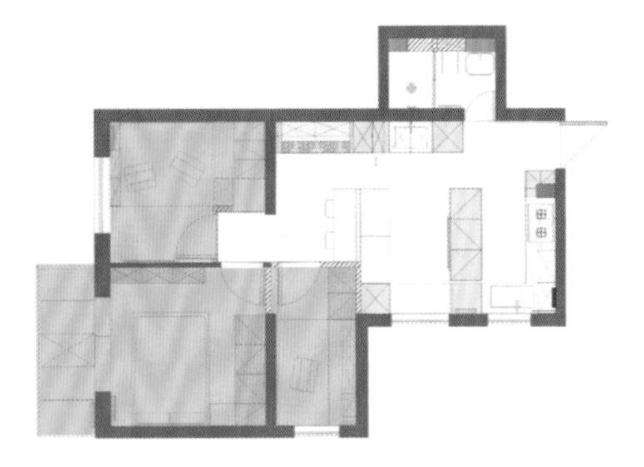

改造后的卧室区域

对房主来说，最基础的需求就是三个卧室：夫妻俩的卧室、老两口的卧室、大女儿的卧室，而且三个卧室都要满足采光、储物等需求。

1. 明确需求

这么多卧室还要保证舒适度，就需要明确居住需求。如主卧的收纳，老人房的隔音，孩子房的私密性和学习功能。明确基本需求后就可以着手改造了，因为主卧和老人房的墙体基本都是承重墙，所以在面积上能调整的空间不大。最后，通过调整卧室门的位置，将省出的过道空间补充到孩子房中，并在孩子房中设计了一体化的衣柜、书桌、书柜，小面积空间也能有多种功能。

2. 额外的二宝床

因为原始户型的面积有限且二宝才刚刚 1 岁，所以屋主没有提出独立卧室的需求。但考虑到再过一两年二宝长大后，也要自己睡了，所以在老人房设计了个局部二层床，算是额外的惊喜。

3. 非典型阳台

因为在此案例中，主卧区域的阳台是整个家里距离阳光最近的空间，不能浪费，所以在阳台区域设置了一个休闲区兼工作区，地台的下部可以用作收纳，升起电动升降桌可以品茶、读书，或是学习、工作，十分舒适惬意。

4. 晾晒区

因为男房主更习惯于烘干衣物，所以正好借助此次改造把烘干机设计在通道的一侧并嵌入墙体，这样一来，既解决了衣物的晾晒问题，又把阳台空间解放了出来。

暖心贴士

隐藏的餐厅

厨房与客厅之间的通顶储物柜，既是柜子又是电视背景墙。不仅如此，它还能平行移动，配合隐藏在西厨操作台下的折叠餐桌，利用时间轴概念能够塑造出五种场景模式。

① 日常模式：柜子处在中间位置，满足日常客厅和厨房使用。

② 少人就餐模式：拉开餐桌，就能满足 4 人以下同时用餐。

③ 多人就餐模式：将柜子向厨房移动，就能扩大餐厅面积，满足六人同时用餐。

④ 大客厅模式：柜子移动贴近中厨操作台时，收起餐桌，形成大客厅模式。

⑤ 大厨房模式：将柜子向餐厅沙发处移动，可以形成一间较大面积的厨房。

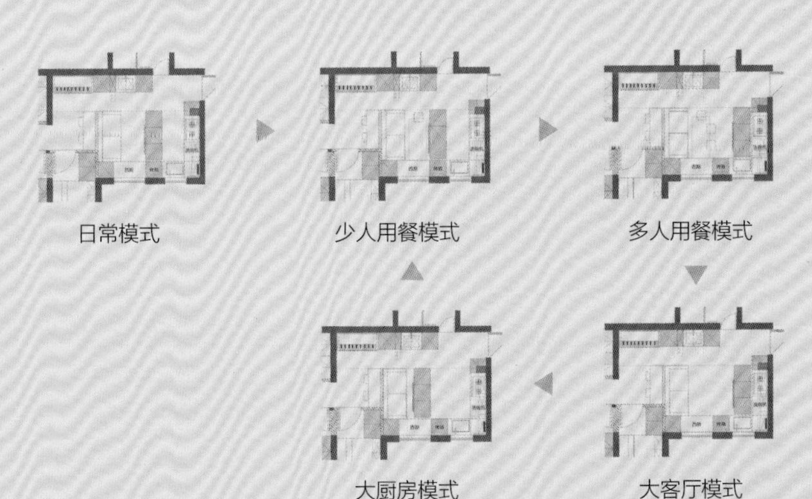

案例2

2.0 私人 SOHO

北京 38 m^2 的私人工作室

现今社会有很多人是居家办公的。如自由撰稿人、平面设计师等。家是他们的办公室、会客厅，这样的需求让家的功能更加复合，既要满足上班时的安静、舒适，又要具有下班时的休息、娱乐的功能。

在这样的情况下，一种新的空间模式诞生了，那就是 SOHO。这种模式比起一般的户型改造有点奢侈，因为它不是在家里开辟一个角落，而是将一套房子独立开辟成私人的工作空间。与办公室相比，更私密；与住宅相比，更正式。

户型结构：开间

所在地区：北京市

建筑类型：钢筋混凝土结构塔楼

使用面积：38 m^2

户型层高：2.7 m

常住人口：男房主

BOOK OF LOFTS

▶户型分析

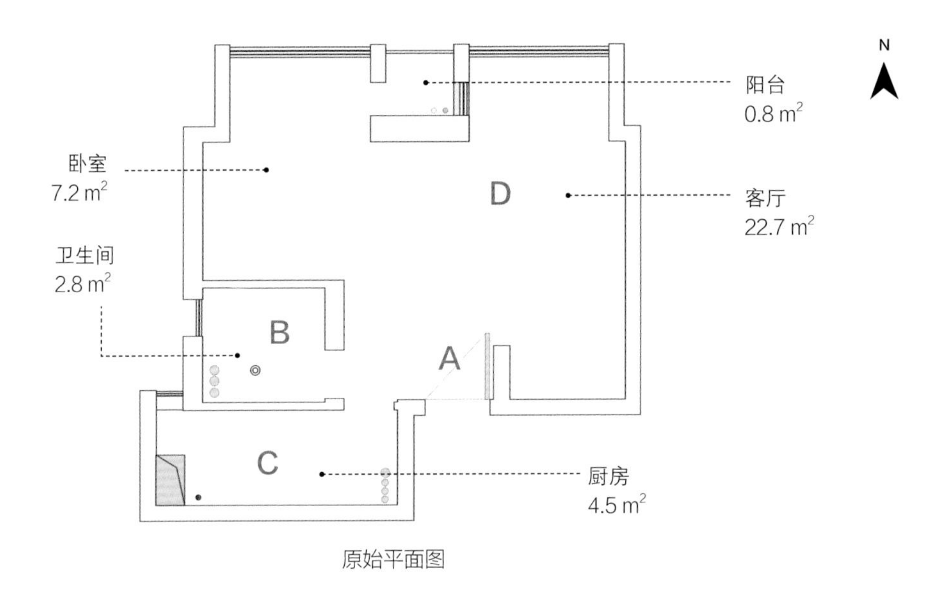

原始平面图

户型优点

1. 户型整体较为方正，采光面广。
2. 客厅与主卧有大面积窗户，采光通风较好。

户型问题

A. 入户玄关处无明显储物空间，空间利用率低。
B. 卫生间面积较小。
C. 厨房区域整体较狭长，面积较小，空间利用率低。
D. 客厅区域毗邻卧室，卧室的私密性较差，客厅又无法满足会客需求。

房主需求

1. 需要良好的通风与采光。
2. 需要充足会客与工作空间。
3. 需要简洁的动线，方便后期清洁。

设计理念

原始户型面积虽小但面宽大进深小，而且还有两面落地窗，空间感和舒适感都很不错。

此次设计以窗外景观面为出发点，规划出三个层次。

① 休闲观景区：将两面落地窗处的空间规划为咖啡吧和茶室。

② 中心工作区：设置工作台、样板柜和书架等。

③ 基本功能区：规划为厨房和卫生间以及玄关。

在设计中，以低碳环保为主要的设计理念。尝试采用多种可再生材料或给材料做减法。既节约了资源又塑造出了独特的简约风格。墙面采用了西班牙的大理石粉。这种特殊涂料是用大理石的废料粉碎加工而成的，具有很好的防水性和耐磨性，使用这种涂料的墙体下部不用安装踢脚线，并且可以直接代替卫生间的墙砖，大大减少了瓷砖的用量。地面采用了微水泥材质，这是一种合成的涂料，同样具有很强的防水性和耐磨性，既美观又实用。

在墙面的设计上，局部保留了原始的水泥墙面，裸露感的水泥墙和装饰材料间形成了鲜明的对比，这种反差给人一种原始和谐的美感，还省去了墙面的装饰材料。

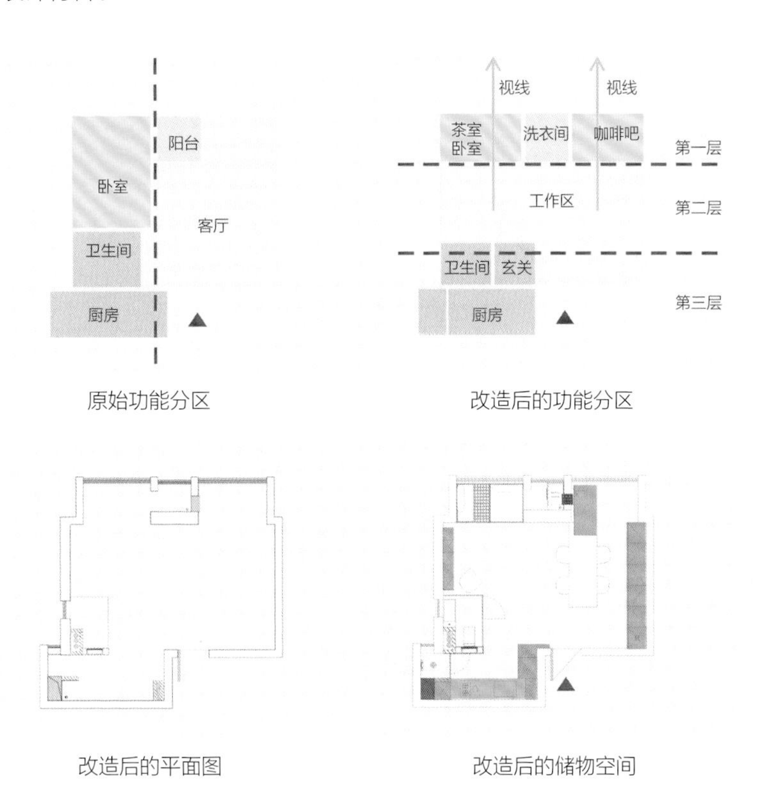

原始功能分区　　改造后的功能分区

改造后的平面图　　改造后的储物空间

中心工作区

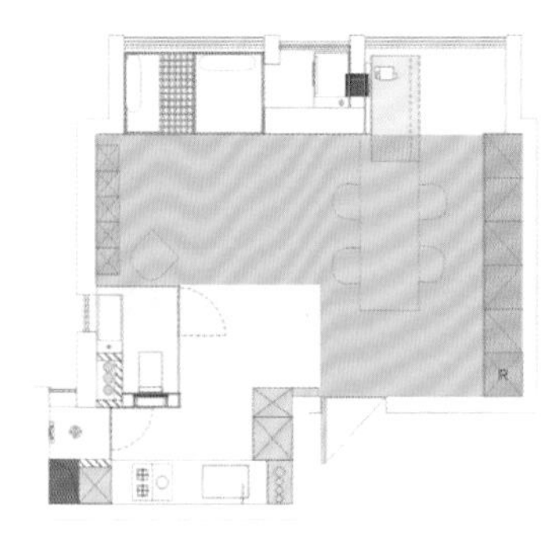

改造后的中心工作区

以阳台区域的墙体为设计中心延伸出一张大的办公桌，不管是一个人工作学习，还是两三人研讨办公，都游刃有余。加长的排插可以提供丰富的电源插孔，可满足不同办公设备同时使用。

居住空间和 SOHO 空间不论是功能还是空间尺度都有很大不同，因地制宜的设计让空间属性转换顺畅，让人足不出户也能好好工作。

办公桌右侧是一面通顶的储物柜，储物柜采用集合式设计，囊括了打印设备柜、样品柜、衣柜和冰箱柜等，充分满足了 SOHO 空间的各种储物需求。

办公桌左侧设计了一组烤漆钢板书架，相对于普通的板材书架，钢板承重更好，放再多书也不会变形；另外 3 mm 厚的钢板代替 18 mm 厚的普通板材，无形中节省了不少空间。

休闲观景区

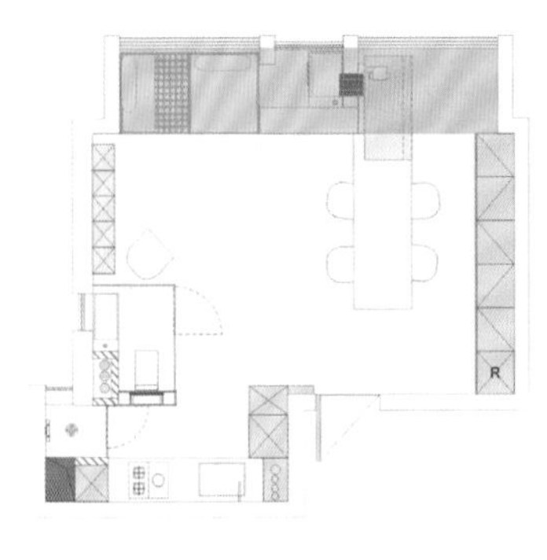

改造后的休闲观景区

原始户型中有两面落地窗，正对小区景观。结合此优点在落地窗处设计了一组咖啡吧和茶室。两者临窗而立，采光与通风极佳，在此无论是喝茶看书，还是冥想发呆，都十分适宜。

左侧的茶室除去喝茶休闲的功能外，矮榻还能转换为一张标准的单人床，可满足加班时的基本睡眠需求。

基本功能区

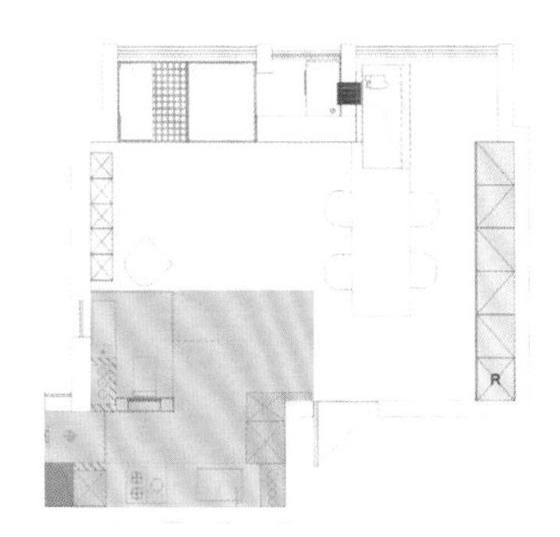

改造后的基本功能区

1. 卫生间

卫生间整体位置不变，但对内部布局进行了重新规划。用白色夹胶玻璃代替原有墙体，既节省了空间又统一了色调，一举两得。因为马桶需要改变位置，所以选择了墙排马桶。这样一来，不仅解决了下水问题，而且也减少了后期的清洁工作。

2. 玄关

入户左侧设计了一组超薄的玄关柜，开放的隔板可以放一些小物品，超薄的柜体可以作为临时储物空间，十分方便。

3. 厨房

SOHO 和普通办公室最大的不同就是拥有功能完备的厨房，工作、生活两不误。麻雀虽小五脏俱全，所以厨房区域不仅要求功能齐全，而且还要精致好用。

整体的地柜和吊柜设计，将空间的边边角角都充分利用起来，更配置了燃气炉和电陶炉的双重选择。高柜中设计了蒸烤箱和红酒柜，平时也可以在这里制作甜品美食来招待客人。

不论你是简单做个意面还是煎炒烹炸个中式大餐，使用起来都能得心应手。

暖心贴士

1. “隐藏”

“隐藏式收纳”能够令空间整洁又通透。依靠墙壁定制柜体，根据自身的需求，将内部进行划分，不同的格子装不同的物品。

2. “代替”

书架没有采用传统材料，而是选用了烤漆钢板，3 mm 厚的钢板代替 18 mm 厚的板材，用作书架非常结实，视觉上也十分轻盈。

3. “保留”

局部墙壁保留了原始的水泥墙，裸露的部分让空间充满了建筑的天然美感，与涂料结合形成对比张力，让人感觉仿佛回归了自然。

3.0 百宝箱

27 m^2 开间秒变两室两厅

百宝箱是魔术表演中很神奇的一种存在，一个普普通通的箱子里好像能装下全世界。如果将这种理念运用到室内设计中，就可以解决小户型功能缺失的问题了。如这次遇到的案例，27 m^2 的使用面积想要装下两室两厅的功能。乍一听上去，简直就是天方夜谭！但运用百宝箱的设计理念，对原始户型进行重新排布，也并非不可能。

户型结构： 开间

所在地区： 北京市

建筑类型： 钢筋混凝土结构塔楼

使用面积： 27 m^2

户型层高： 2.56 m

常住人口： 夫妻俩 +6 岁女孩

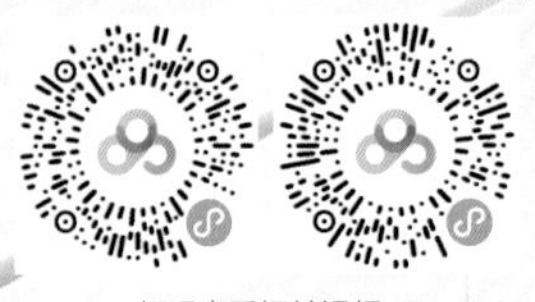

扫码查看相关视频

▶户型分析

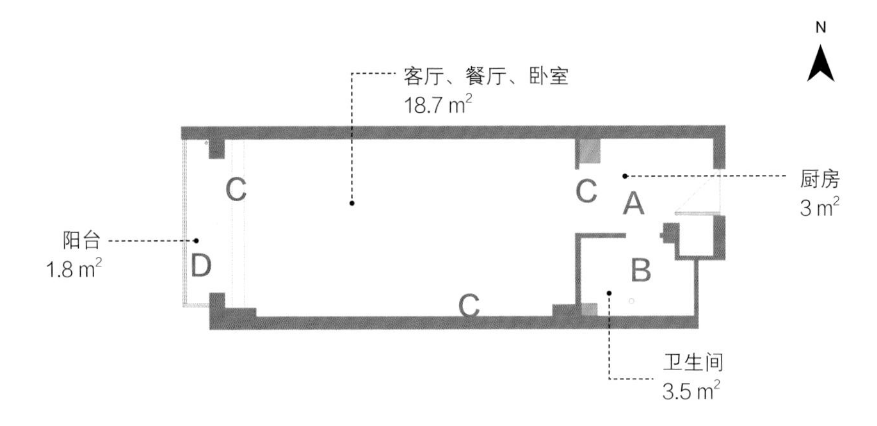

原始平面图

户型优点

1. 户型结构较为方正。
2. 有落地窗，采光通风较好。

户型问题

A. 厨房、玄关面积较小。
B. 卫生间缺角过多，不易布局。
C. 房间横梁较多。
D. 阳台区域过于狭长。

房主需求

1. 需要一间客厅。
2. 需要两间卧室。
3. 需要一个可供小朋友学习的空间。
4. 需要满足三个人使用的餐厅。
5. 需要充足的储物空间。

设计理念

运用“百宝箱装万物”的理念，将 80 m² 两居室所有的功能都装进这个 27 m² 的开间里。通过整合分区将小开间分为三个区域，再依据屋主的各类使用需求将全部功能整合重组。

原始功能分区

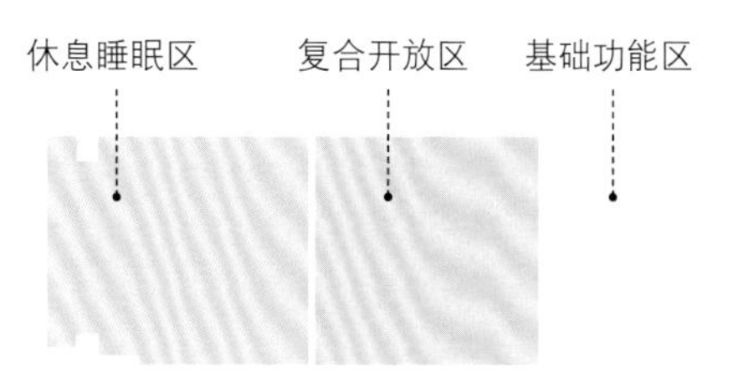

改造后的功能分区

交通空间
睡眠空间
复合空间
功能空间
杂物空间

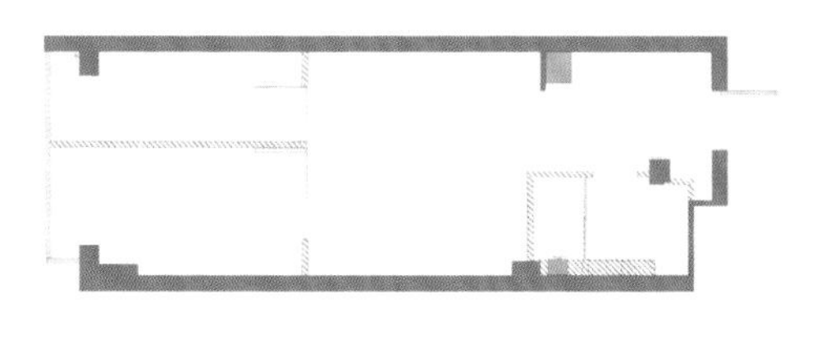

改造后的平面图

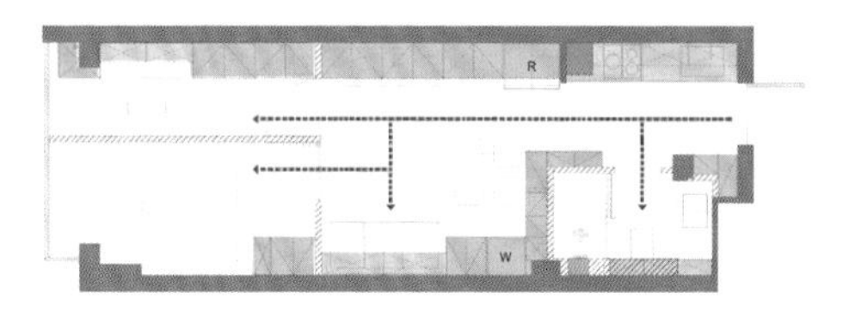

改造后的储物空间

基础功能区

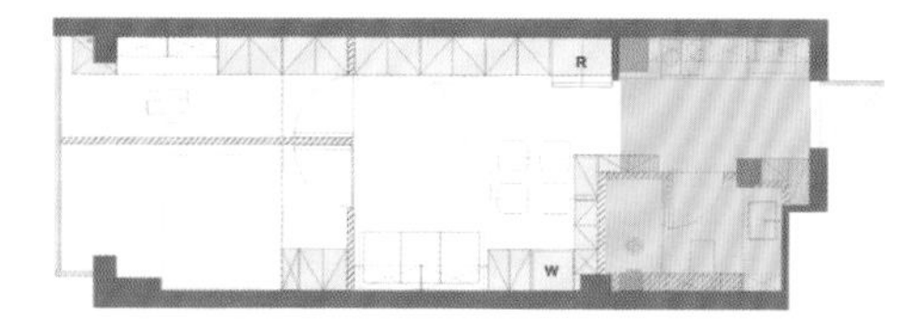

改造后的基础功能区

1. 玄关

大部分开间的玄关区域都是类似的，通常是通道一侧一排厨柜，另一侧是卫生间。这个户型也大致如此。但好在此户型卫生间一侧靠近入户区域有一个围合起来的小空间，改变入户大门的开门方向后正好可以做成一个小小的玄关柜。柜门采用镜面设计，关门之后就是一面大的穿衣镜。

2. 厨房

因为是开放式厨房，所以选择了侧吸式抽油烟机，能够更高效率地排烟去味。又因为这个开间的厨房是没有独立窗子的，不符合安装燃气线路的规范，所以选用了电陶炉。在地柜中集合了洗碗机、净水器、厨余垃圾处理器等厨房用品。厨房的开放式设计与交通空间相结合，有效地提升了空间的利用率，也在一定程度上增加了储物空间。

3. 卫生间

原始户型中卫生间的洗手盆位置有个缺角，这导致了洗手盆的中心线和马桶位置重叠，使用起来非常不便。重新调整后加大了洗手台的宽度，同时让面盆和马桶错开位置，互不干扰，使用起来更舒适。

另外，为了避免后期产生清洁问题，卫生间选用了墙排的马桶、独立淋浴房，并利用墙体结构制作了置物壁龛。

复合开放区

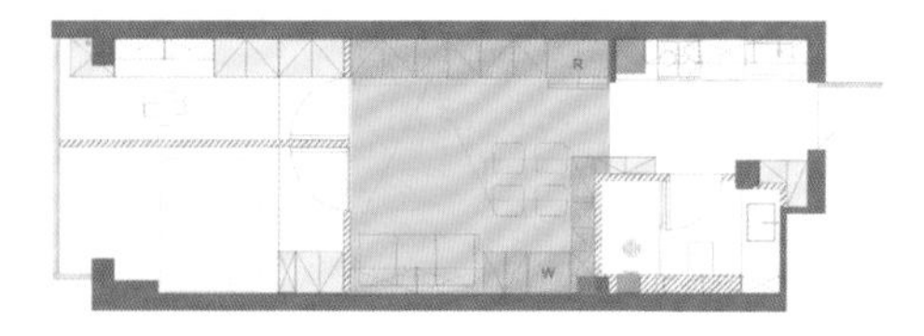

改造后的复合开放区

1. 西厨与多功能柜

在客厅临近厨房的一侧，设计了一组西厨组合柜，既补充了厨房空间的不足，又增加了储物空间，冰箱和部分厨房小家电也被安排在这里，实用又美观。连接西厨的是一组通顶的多功能柜，局部储物作衣帽柜，顶部设计了幕布盒，隐藏了电动幕布。

2. 餐厅与多功能柜

通道的空间也要精打细算，利用卫生间的转角墙面设计了一组转角储物柜，中间部分采用开放格设计，既弱化了柜子的体量感，也可以作为餐边柜使用。

柜子的下部还隐藏了一组折叠餐桌，打开后可以满足一家人围坐用餐的需求。餐桌背后靠墙处设计了一组功能柜，内嵌了洗衣机和烘干机。有了烘干机，也就不用再为没地方晾衣服而困扰了。

3. 客厅

客厅和餐厅紧邻，互相借用面积可以让空间显得相对宽敞一些。沙发的上部空间也被充分地利用起来，设计了一组吊柜，用以扩充全屋的储物空间。客厅和卧室之间的墙体采用一体化集成墙板，内嵌隐形门，整体感更强，也让空间更简洁宽敞。白天时，打开两扇房门，客厅也能得到充分的采光和通风。

休息睡眠区

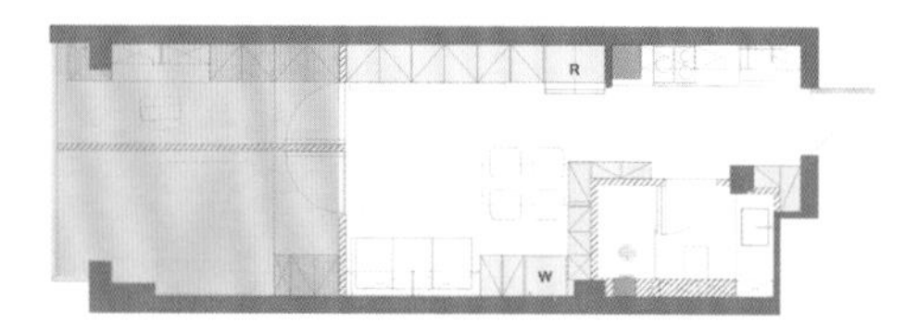

改造后的休息睡眠区

1. 主卧

将休息睡眠区进行分割，一侧略宽些的房间是主卧。采用了局部地台设计，地台下部置入大面积的储物空间，提升了空间利用率。除此之外，还可以借助地台的高差在靠近落地窗处设计一处休闲角。平时可以在这里晒晒太阳、看看河景，喝杯咖啡、读读书，小空间也要有舒适的独处区。

2. 儿童房

另一侧略窄的房间是规划出来的儿童房，90 cm 的床宽加上 60 cm 进深的书桌，总宽度 150 cm，做一间儿童房将将够用。为了省去床架的干扰，儿童房也采用地台设计，并将书桌、书柜、展示柜和衣帽柜进行集成化设计，最大限度地利用空间。

暖心贴士

1. 整体色调

用白色、浅灰色和橡木纹搭配。白色多用在柜子上，可以弱化柜体的体积感；橡木纹板材质感温润，地面大面积通铺可以增加空间的温馨感和层次感；厨房的墙面和卫生间的墙面都采用了浅灰色的墙砖，中性的灰色让空间更有质感。

2. 中央空调在小户型中的应用

一说到中央空调，大家的固有印象就是大户型的标配。其实不然，以本案例为例，经过设计改造后，户型整体形成了三个独立空间，都需要设置空调。两个卧室相对容易，可以在外墙增加机位各安装一台分体式壁挂机。但客厅与餐厅就会因为距离室外机较远所以导致制冷效果下降。不仅如此，较长的管线也会影响美观。中央空调就可以完美解决这个问题，把空调的室内机和连接管线设计在衣柜上方或是局部吊顶中，不仅不会影响整体的层高和空间感，而且舒适感更高、噪声也更小。

3. 地暖与地台

地台的功能非常多样，既可以作为休闲区，又可以当作一张大床，还可以作为茶室且能兼顾储物功能，因此在设计中经常会用到地台。但很多小伙伴都十分担心地台会不会影响家里的地暖，特别是电地暖，会不会影响散热，甚至导致电地暖出现故障。其实这些是完全可以通过设计完美解决的，此案例就是电地暖，在设计地台时，将底部设计为悬空结构，安排了纵向散热通道，这样就不用再担心这个问题了。

“礼物与烦恼”

收到“礼物”是一件很让人开心的事情，但在设计中有些礼物却为房主带来了“烦恼”。如顶楼的层高、自带精装修的新房等，这些礼物往往会伴随着烦恼一起到来，而设计师要做的就是替房主们解决烦恼，让礼物的优势最大化。

顶层的烦恼

来自顶层的礼物，藏在半空的小书房

在大部分购房者的眼中，顶层由于保温和防水的问题一直以来都不是首要选择。但本案例中，房主夫妇却并不这么认为。3.69 m 的层高加上价格优势，让他们坚定了自己的选择，$43\ m^2$ 的使用面积虽然不算大，但好好利用层高优势的话会有意想不到的惊喜。

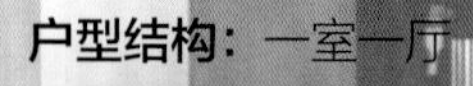

户型结构： 一室一厅
所在地区： 北京市
建筑类型： 钢筋混凝土结构板楼
使用面积： $43\ m^2$
户型层高： 3.69 m
常住人口： 夫妻俩

▶户型分析

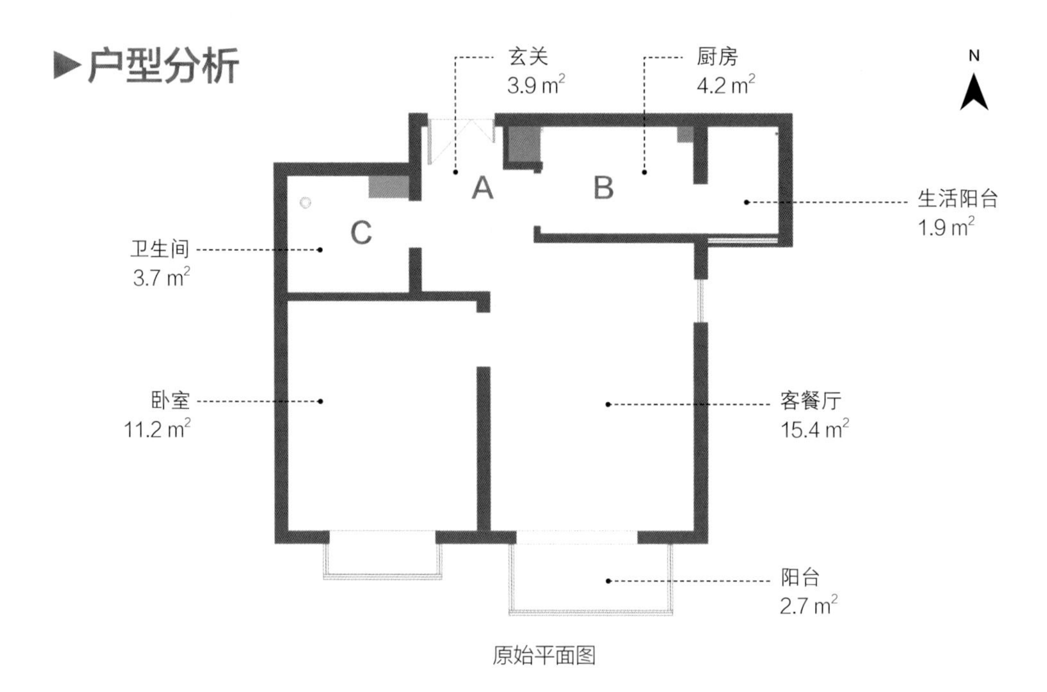

原始平面图

户型优点

1. 户型整体较为方正，采光通风较好。
2. 配有生活阳台。
3. 室内层高较高。

户型问题

A. 玄关区域无系统储物空间，空间利用率低。
B. 厨房区域面积相对较小。
C. 卫生间面积较小。

未利用空间约 8.8 m²
占整体面积的 20.47%

房主需求

1. 需要一间客厅。
2. 需要一间餐厅。
3. 需要一个可供两人办公的工作区。
4. 需要充足的储物空间。
5. 需要干湿分离的卫生间。

设计理念

3.69 m 的层高是一个尴尬的高度，只做一层有点高，做两层又不够。多方考虑后采用了局部错层的设计理念，利用不同的高度搭配不同的功能空间，既保证了使用的舒适度，又提升了空间利用率。

原始功能分区　　　　改造后的功能分区

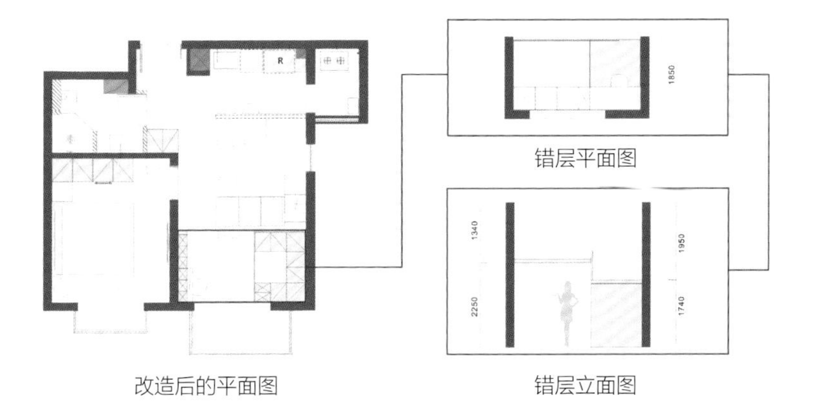

错层平面图

改造后的平面图　　　　错层立面图

玄关

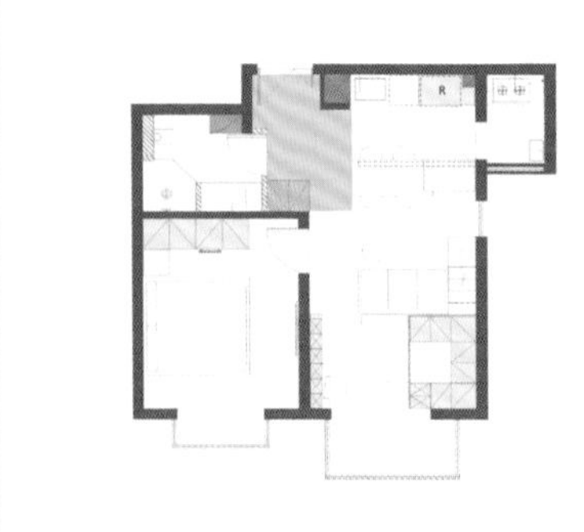

改造后的玄关区域

原始户型问题

①原始户型中玄关区域动线重叠且无系统储物空间。

②无采光的问题导致空间沦为单纯的交通空间。

1. 利用边角空间，提升收纳功能

利用卫生间与主卧的夹角空间设计一组玄关柜，这样一来可以利用柜体减轻墙体遮挡的厚重感，二来可以利用边角空间进行系统的收纳与储物。不仅如此，在动线上，玄关柜毗邻卫生间，方便房主日常回家的清洁工作。

2. 添加细节设计，增加空间归属感

因为原始户型中玄关区域无采光，所以在后期设计中入户一侧添加了线性照明与整面墙的镜面装饰。扩大空间的同时也满足了日常的使用，房主再也不用摸黑换鞋了。

厨房、餐厅与客厅空间

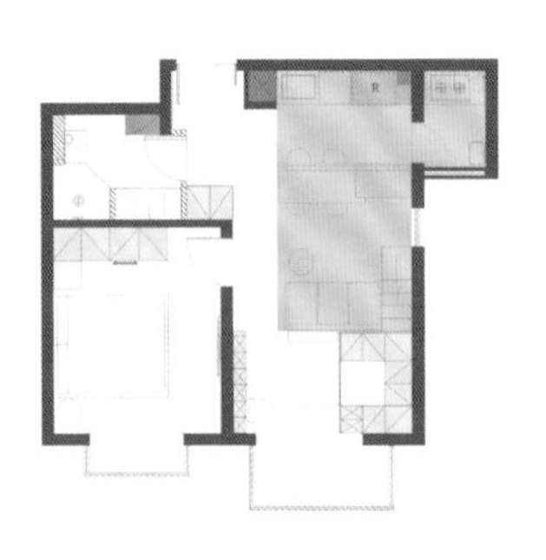

改造后的厨房与餐厅区域

原始户型问题

①原始户型中厨房空间狭长导致动线过长，不方便日常使用。

②缺少明显规划的餐厅区域。

1. 中西厨分区设计

将与厨房相连的阳台空间规划为中厨，用玻璃门进行分隔，保证油烟不外泄的同时也可以将阳台方向的采光引入室内。

原厨房区域被设计为西厨，敞开式的设计缩短了厨房动线，更方便日常使用。

2. 一体化设计

拆除了原始户型中客厅与厨房之间的墙体，采用了餐厨一体化设计，整合后的空间看上去更加宽敞。不仅如此，厨房过道区域与餐厅的部分区域相重叠，增加了空间利用率的同时也节省出一条走廊的空间。

这样一来，客厅区域会更加宽敞，开敞式设计也让整体空间的视觉效果更好。

书房与错层空间

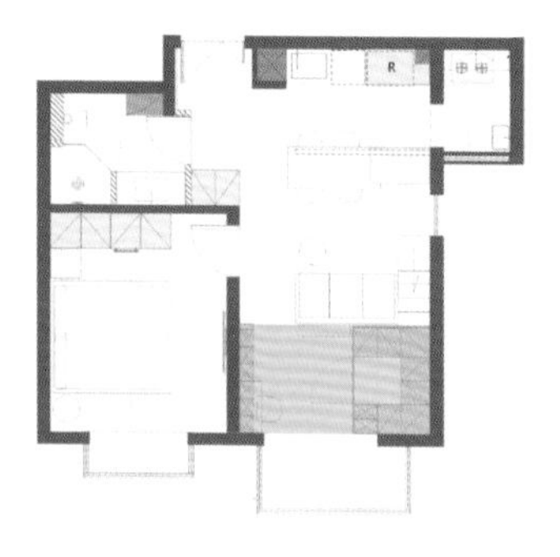

改造后的书房与错层区域

1. 错层区书房

利用客厅 3.69 m 的层高优势设计了一处错层阁楼，阁楼分高低两个区域，低区是男主人的书房，净高度达到了 1.95 m，满足男主人站立时的空间尺寸。书房下面的空间则设计为储物间。

2. 错层区榻榻米

阁楼的高区被设计为“储物柜 + 榻榻米”的组合模式，净高度 1.34 m 的小空间既可以当作休闲小憩的场所，又可以作为读书发呆的小天地。榻榻米朝外一侧更延伸设计了一组小桌板，既是读书时的简易书桌又兼顾了护栏的作用。

3. 书房

榻榻米下方的高度足有 2.25 m，经过改造设计后变成女主人的工作区，配有书架和一体式的书桌，最大限度增加了储物空间。

卧室

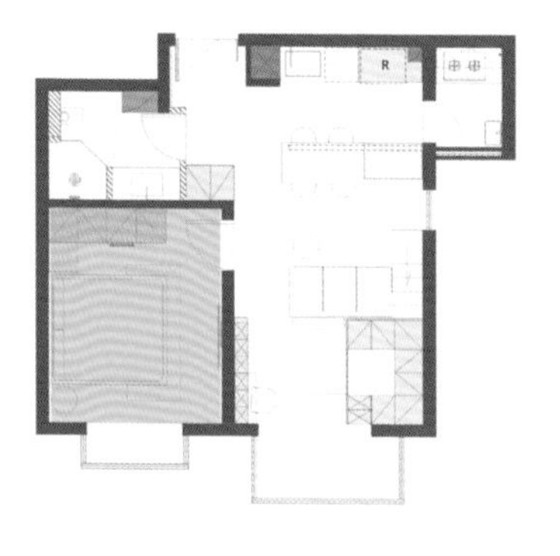

改造后的卧室区域

卧室区域是一个封闭区，也是整个空间中唯一一个睡眠空间。保证私密性的同时也要具有一定的功能性。比如，储物功能。除了衣柜可以作为储物空间外，床头的小空间也可以用来储物，随拿随放，十分方便。

卫生间

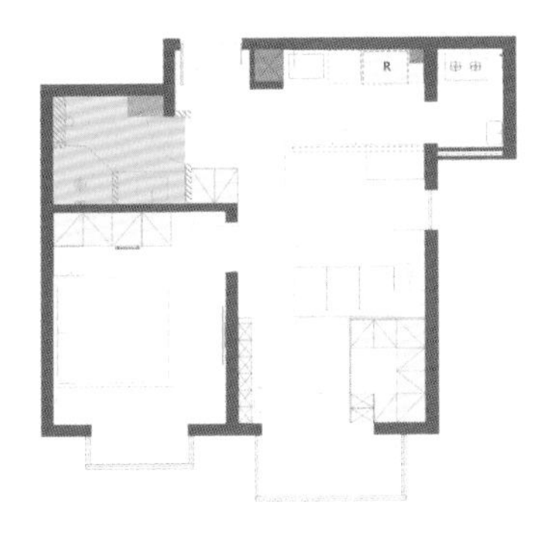

改造后的卫生间区域

年轻人的卫生间，干湿分离必不可少，洗漱台也要尽量加宽，这样使用起来才能更舒适。通过设计调整后，将卫生间外墙向客厅方向移动了 18 cm。别小看这一点点的距离，它让独立浴房和加宽洗漱台都成为可能，让小户型里也能有舒适的卫生间。

暖心贴士

1. 挑高空间的设计原因

① 错层布局，集中设计功能空间和储物空间，从而将挤出的更多空间纳入客厅区域，在小户型中打造出一个高挑空的客厅空间。

② 夫妻二人都需要一个属于自己的工作空间，通过改造设计出两间互不打扰的书房；储物更集中，家务效率更高。

③ 榻榻米除去休闲读书外还可以作为客房，朋友来了能够提供休息空间。

2. 客厅与错层区域的三种模式

① 浪漫观影模式：将一层的客厅分为三个部分，“书房＋收纳空间＋客餐厅”，在橱柜上方面向沙发方向安装一个隐藏幕布。夜晚时分，小空间即刻变身浪漫观影空间。

② 独立办公模式：在一层客厅区域和二层错层区域分别设有独立的办公空间，能够解决各自独立居家办公的需求。

③ 休闲养宠模式：因为夫妻二人养了一只宠物猫咪，所以错层区设置了两重层次感。一部分方便办公，另一部分则以榻榻米形式打造灵活休闲空间，猫咪在整个客厅空间里能够自由玩耍，与主人嬉戏互动。

案例 2

精装房的烦恼

不适合的装修到底要不要拆

“我家的房子是精装交付，本想着置办些家具家电就能入住了。可没想到卫生间居然没有淋浴房，干湿都还没分区。”

“我家的精装房，进门没有放鞋、挂衣服的地方。餐厅也很小，一张四人位的餐桌都放不下。”

以上对话是精装房的房主们最头疼的问题，开发商送的精装修到底拆不拆？全拆吧，舍不得；不拆吧，不好用。实在是太纠结了。

本案例房主小西西，是一个人气很高的博主。结合她的生活需求和她家的精装现状，本着节约环保的原则，采用了局部改造的设计方式。这样一来，既能够完美解决户型缺点和她对空间的居住需求，又能有效节约装修成本和时间。

户型结构： 两室两厅 + 开发商赠送的设备间

所在地区： 北京市

建筑类型： 钢筋混凝土结构板楼

使用面积： 93 m^2

户型层高： 2.65 m

常住人口： 女房主

扫码查看相关视频

▶户型分析

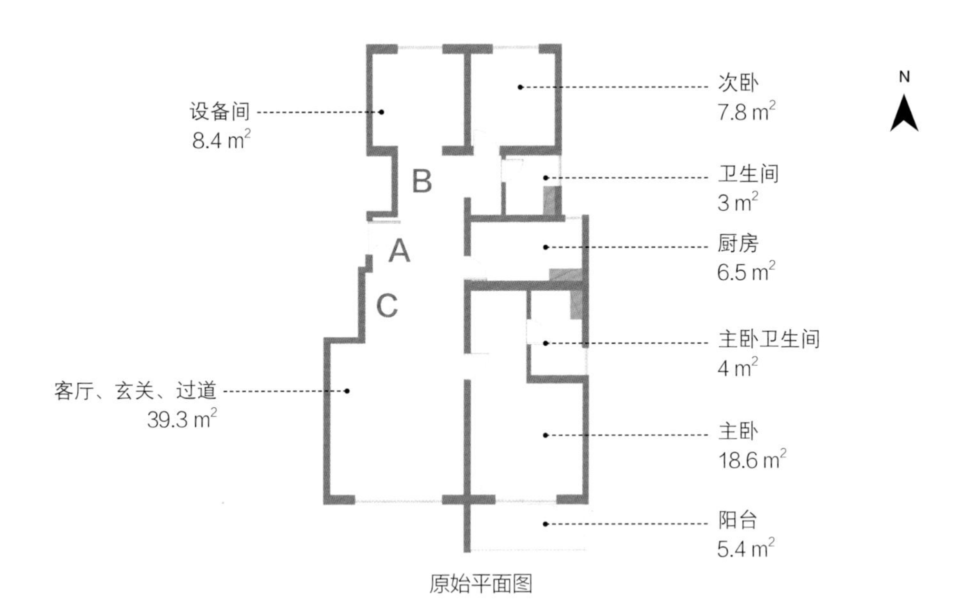

原始平面图

户型优点

1. 户型整体较为方正，南北通透，采光通风较好。
2. 南侧配有阳台。
3. 配有两个卫生间。

户型问题

A. 入户玄关区域无系统储物空间，空间利用率低。
B. 卫生间旁边的通道区域仅作为交通空间，空间利用率低。
C. 公共区域墙面拐角过多，视觉效果较差。

未利用空间约 9 m²
占整体面积的 9.7 %

房主需求

1. 需要一个兼具储物功能的玄关。
2. 通道空间增加功能性。
3. 赠送的设备间需要合理利用。

设计理念

因为房子是精装修，所以考虑再三决定在保留部分原有装修基础之上进行拆改。把改造重点放在左侧空间的规划与设计上，除此之外，还要注意墙体设计、色彩统一和软装搭配。

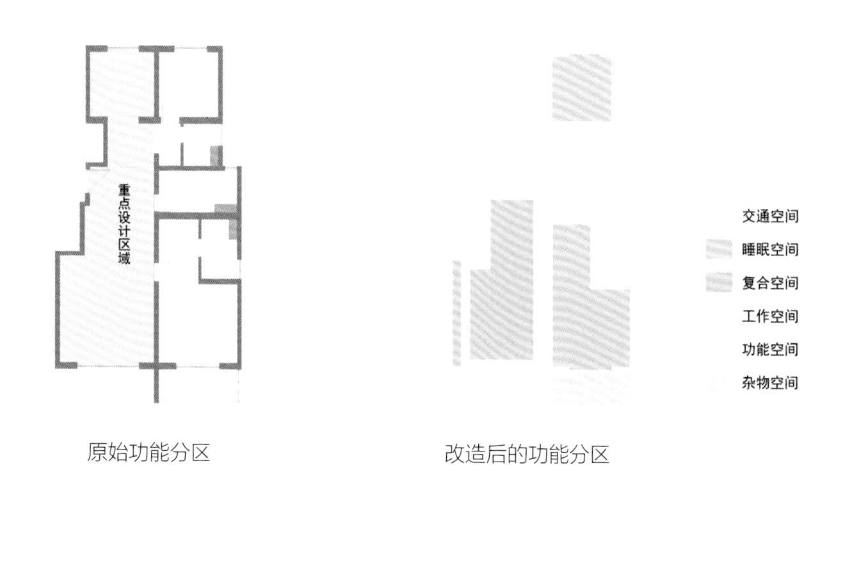

原始功能分区　　改造后的功能分区

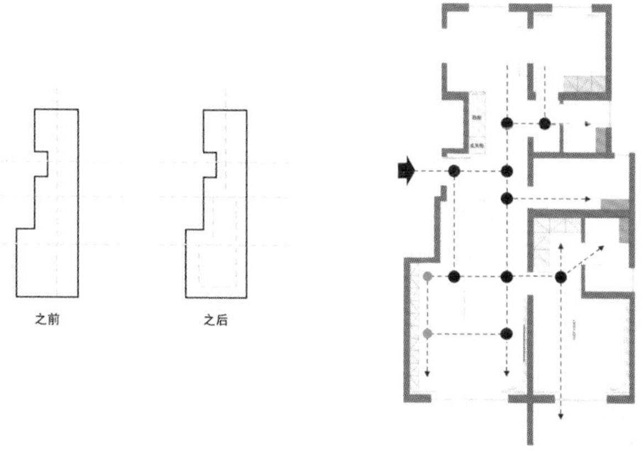

改造前后重点区域动线对比示意图　　改造后的全屋动线图

玄关

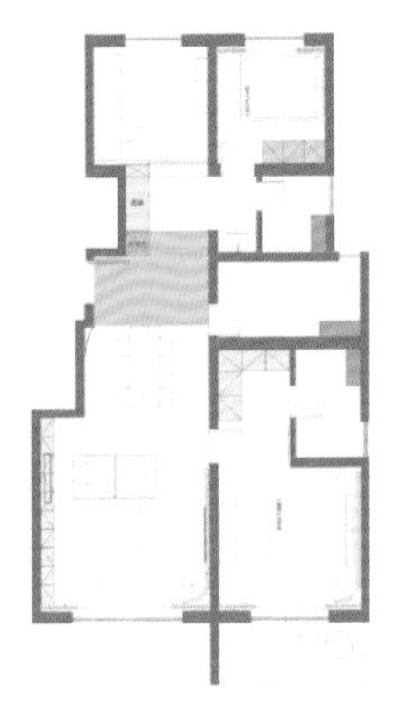

改造后的玄关区域

原始户型中入户玄关区域没有设计系统的储物空间，经过改造后从连接玄关的通道区域挤出一部分空间设计一组通顶的玄关柜。下部放鞋，上部挂衣服，满足房主日常的储物需求。

西厨

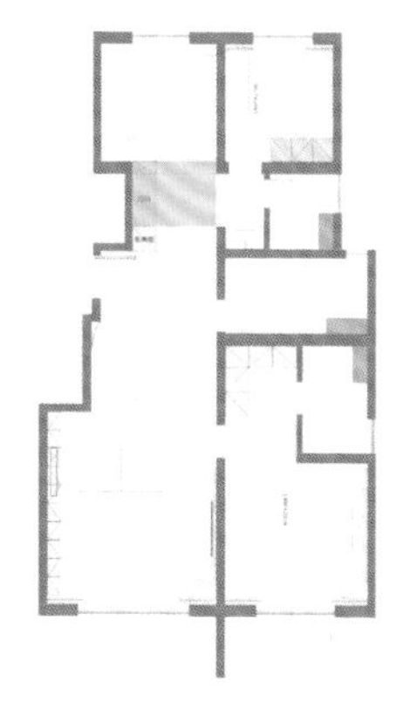

改造后的西厨区域

原始户型中通道区域仅作为交通空间，导致这部分空间利用率较低，通过设计改造把入户的玄关柜顺势延伸过来，利用通道区域的空间增加一个可以辐射工作区的西厨空间。通顶的柜体，中部是操作台面，台面可以放置咖啡机、果汁机、面包机等，上部是吊柜和放置杯子的储物格，下部是三个大抽屉，可以存放餐具和零食。

工作之余，在这里可以自己做一杯咖啡或果汁，享受一个美好的下午茶时光。

工作室

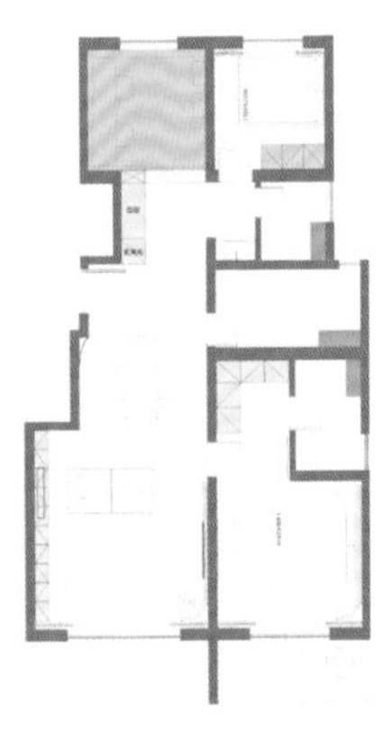

改造后的工作室区域

开发商赠送的设备间被规划为房主小西西的工作室，利用一面超宽推拉门和西厨分隔开，一侧为书桌，一侧为背景墙，方便学习工作或者视频直播。工作室地面整体抬高，让整个空间更有层次感，同时也更有仪式感。

餐厅

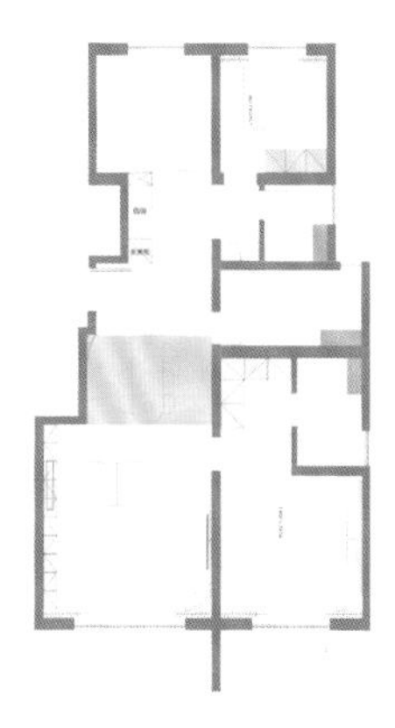

改造后的餐厅区域

因为餐厅区域的面积较为局促，所以采用了一组小巧的水磨石餐桌搭配透明的亚克力餐椅。这样一来，从视觉上有效弱化了餐厅的局促感，并配合圆润造型的吊灯，营造出一个轻松活泼的就餐环境。

客厅

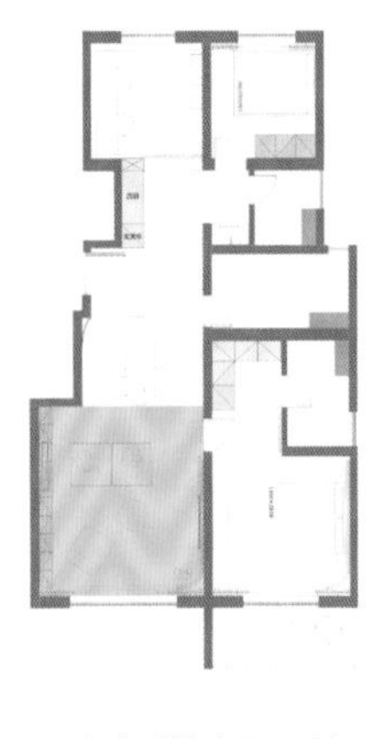

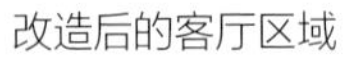

改造后的客厅区域

客厅一改传统的布局模式，将一字形动线改为环形动线。在满足客厅功能需求的基础之上让整个空间更加灵活轻松。

试想一下，在这样的客厅里与朋友聚会：有人看电视、有人聊天，即便是走动，也可以有多种路线选择，不用担心影响到他人，十分放松且充满趣味。

客厅的窗帘盒里还隐藏了一面投影幕布，在家也能看电影。沙发一侧还设计了一组蒸汽壁炉，既是装饰，又是一个实用的加湿器。

卧室

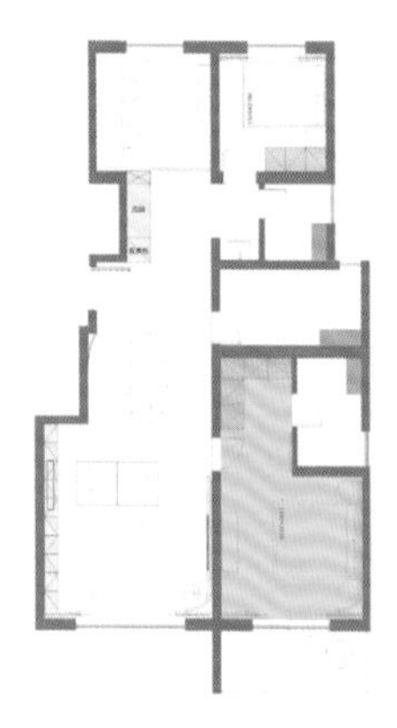

改造后的卧室区域

卧室的设计、配色与客厅进行了统一，床头的弧线设计元素与整体空间进行呼应的同时也为床头区域增添了围合感。除此之外，低饱和度的粉色与奶白色的涂料更凸显了空间的柔美与温馨。次卧由于精装房的缘故，客户决定不做改动。

暖心贴士

1. 设计小细节

① 弧线元素的反复运用：在整个户型中，局部的墙面与顶面都采用了弧线的设计元素，就连墙角都进行了圆角处理，打破了原始户型中直角带来的呆板与生硬感，让整个空间更加柔和。

② 环形动线设计：一改传统的一字或十字动线的布局，环形动线的布局更加灵动，适当的留白让空间的视觉效果更加宽敞，同时也减少了行动中的相互干扰，居住起来更舒适和便利。

2. 设计师有话说

本案例是精装房中十分具有代表性的户型，有许多可借鉴的地方。如电路，其实我们没有必要浪费开发商赠送的精装修，与全部的大拆大改相比，其实有更简单的办法。在本案例中，大家可以注意到在照明设计方面并没有大幅度的重新规划线路，而是利用轨道灯来解决问题。这样的优势在于：

① 不用开槽穿线，避免了破坏墙面和顶面。

② 灯具类型、照射角度和数量都可以随意调整。

③ 灯具和轨道都很有现代感和设计感。

除此之外，全屋灯具都采用智能控制系统，省去了常规的控制线路，避免了墙面开槽和重新布线。

在插座需要局部移位和增加数量的时候，选用连排轨道插座，既快速增加了插座数量，也最大限度避免了开槽布线。

宠物的烦恼

一个专属于“喵星人”的秘密通道

对于大多数的养宠人来说，宠物已经不仅仅是只动物了。它更是一种陪伴、一种寄托，是生活给予的礼物，也是自己选择的伙伴与家人。因为重要，所以更要认真对待。

本案例的房主夫妇，因为家里收养了三只流浪猫，所以在委托设计之初便提到了猫咪的如厕以及清洁问题。本着人与宠物和谐共处的设计理念，采用了夹角错层的设计手法，为猫咪设计了一个专属的秘密通道。

户型结构：三室两厅

所在地区：北京市

建筑类型：钢筋混凝土结构板楼

使用面积：81 m^2

户型层高：2.65 m

常住人口：夫妻俩

▶户型分析

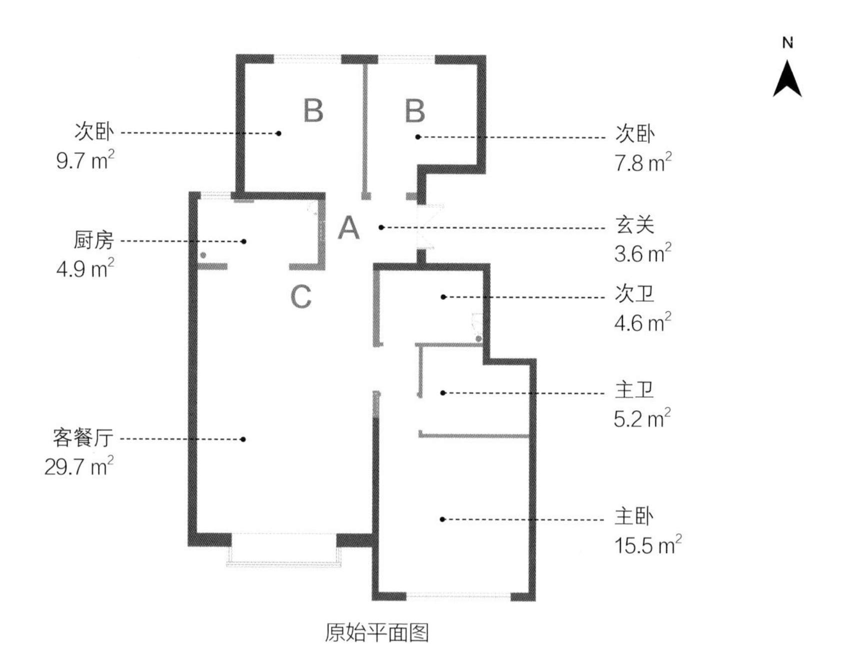

原始平面图

户型优点

1. 户型整体较为方正，南北通透，采光通风较好。
2. 有两个卫生间。

户型问题

A. 入户玄关区域无系统的储物空间，空间利用率低。

B. 原始户型中两间次卧的面积都相对较小，略显局促。

C. 房子层高不高，开发商交房时配备了中央空调和新风系统，如果按照正常设计，隐藏管线，层高会变得更低。

房主需求

1. 需要一个兼具储物功能的玄关。
2. 需要解决三只猫咪的如厕问题。
3. 要便于日常打理。

设计理念

点、线、面是空间的构成形式。在本案例中，以折线墙体的设计手法对原始空间的构成形式进行调整，从而在视觉上提高空间的层次感与灵动性。不仅如此，折线墙体的设计所形成的错层夹角可以将猫咪出入卫生间的秘密通道和实用的书架结合到一起，既独特又实用。

在色彩上，白色的墙体、灰色水泥自流平地面和橡木色的装饰墙板，简单直接的用色使得空间层次一目了然，利用这些天然的色彩塑造房子的空间美。

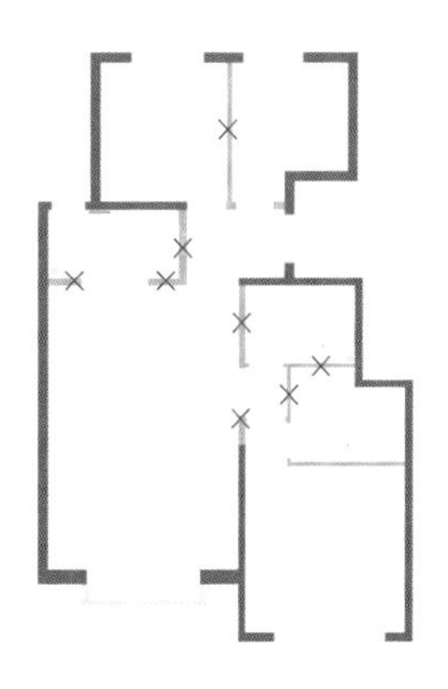

原始墙体拆除示意图

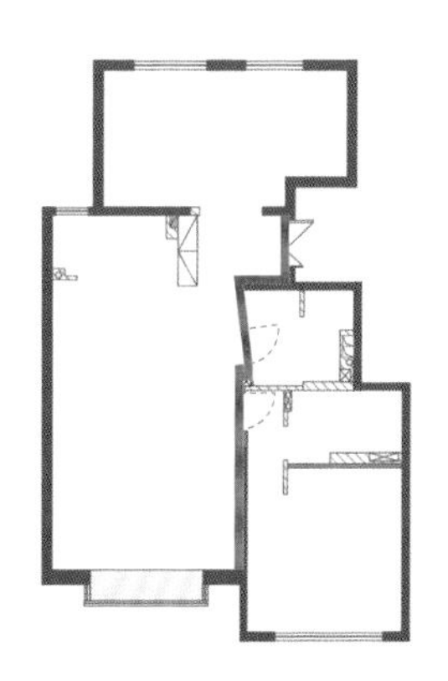

新建墙体示意图

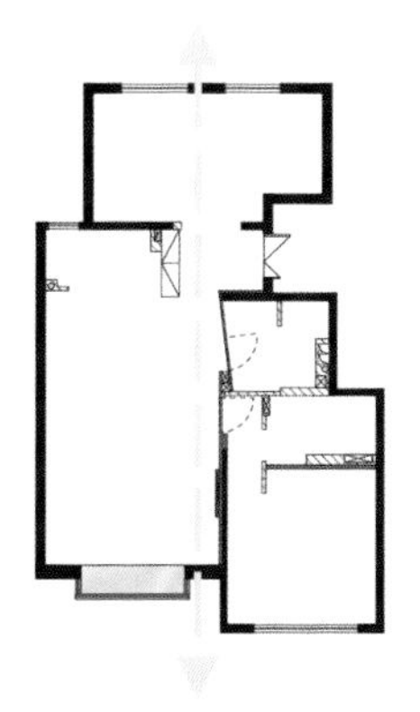

改造后的视线延伸示意图

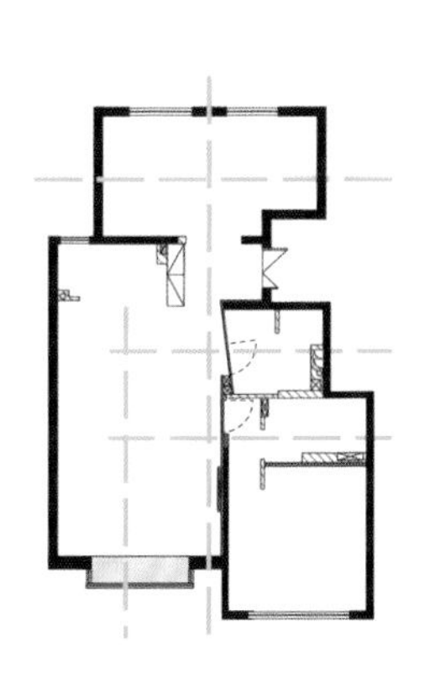

改造后的动线优化示意图

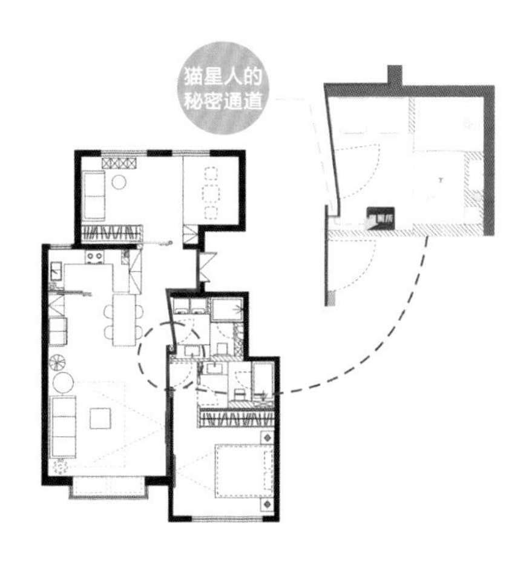

改造后的平面图

玄关

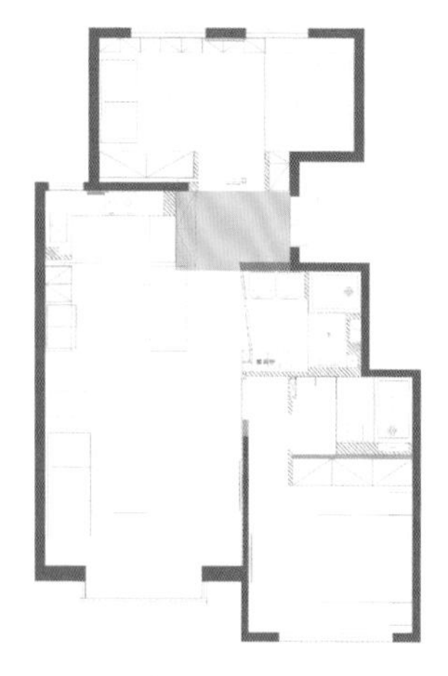

改造后的玄关区域

在原始户型中，玄关区域正对着厨房的侧墙，没有足够的空间设置衣帽柜。经过设计改造后用一组通顶的储物柜代替墙体，既起到了分隔作用，又增加了玄关区域的储物空间。

厨房

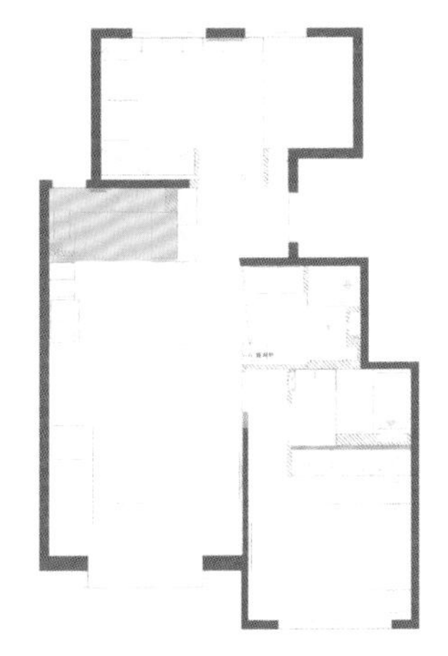

改造后的厨房区域

将厨房区域改造为半开放式厨房，中西厨分区设计。在布局上，考虑到烹饪中的基本动线，将冰箱、洗菜盆、抽油烟机等电器按照取、洗、切、炒的烹饪流程进行布局，通过一扇玻璃推拉门与客、餐厅进行分隔，提升视觉观感的同时也能防止油烟外泄，减轻后期清洁压力。

客餐厅一体化

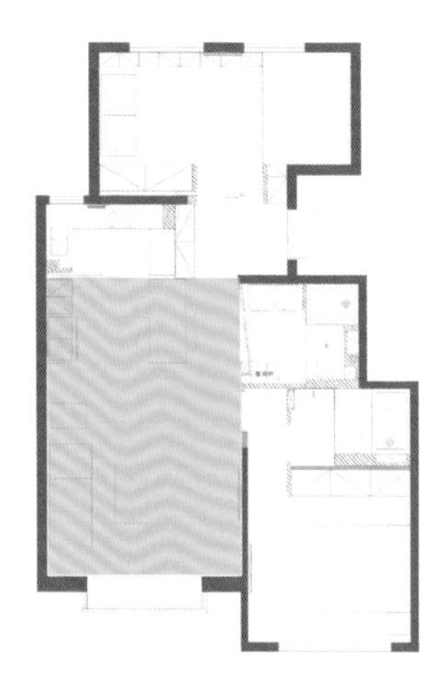

改造后的客餐厅区域

1. 延伸的餐厅

餐厅和厨房仅通过玻璃推拉门进行分隔，紧密相连。餐桌既是烹饪动线中的一环又是延伸出来的厨房操作台面。不仅如此，餐桌背后紧邻冰箱，拿取物品非常方便。

2. 客厅的设计

原始户型中客厅区域墙面较窄且有进入主卧和次卫的通道口，影响客厅区域整体性。不仅如此，房主家里还有三只猫咪，猫砂盆计划放在公共卫生间中，进出是个问题，最简单的办法是在公共卫生间的门上开个洞，但这样在一定程度上会影响美观。

基于以上问题，在改造设计时结合空间特点和小两口的风格喜好以及需求，重新设计了这面墙体。用一面斜墙加一面直墙组成一道折线，利用折线夹角处设计了一组装饰书架，最底层隐藏了一个猫咪进出的洞口。洞口连接到公共卫生间洗手台，台下设置了猫砂盆，并安装了 LED 小夜灯作为猫厕所的照明，给胆小的猫咪创造了舒适的小空间。

整面墙采用橡木装饰板，将次卫门和主卧门都设计成隐形门内嵌其中，这面折线墙成了客厅的亮点，美观实用，凸显空间层次感。

主卧

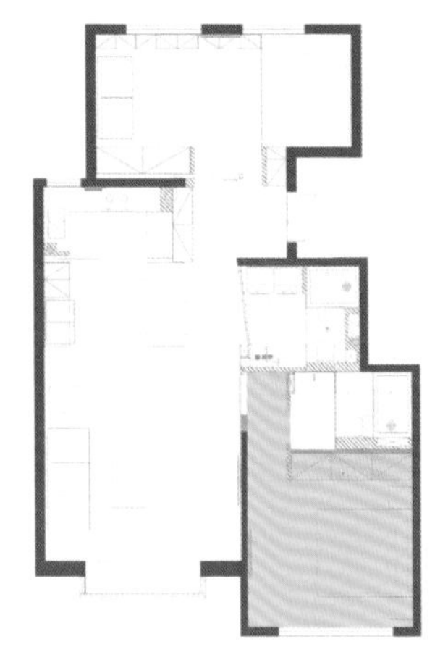

改造后的主卧区域

推开客厅电视机旁的隐形门后就看到了主卧区域，通顶的衣帽柜增强了主卧区域的储物功能，由于层高有限所以没有进行吊顶设计，而是以吊灯与外露筒灯相结合的方式进行照明。

在材质选用上，沿用白墙、水泥加木纹的搭配方式，让空间整体更加简单舒适。

次卧

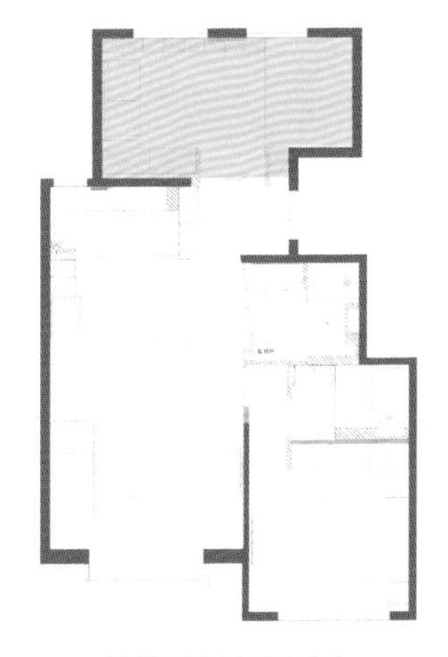

改造后的次卧区域

原始户型中，两间相邻卧室的面积较小，不利于后期使用。经过改造设计后对两间小卧室进行了合并，将此区域设计为休闲健身区，平时看投影、练瑜伽，家人或朋友留宿时也可作为客房使用。采用一扇超宽推拉门进行分隔，闭合时此空间为一个独立的空间，开放时与客餐厅相连接，南北通透，灵动大气。

卫生间

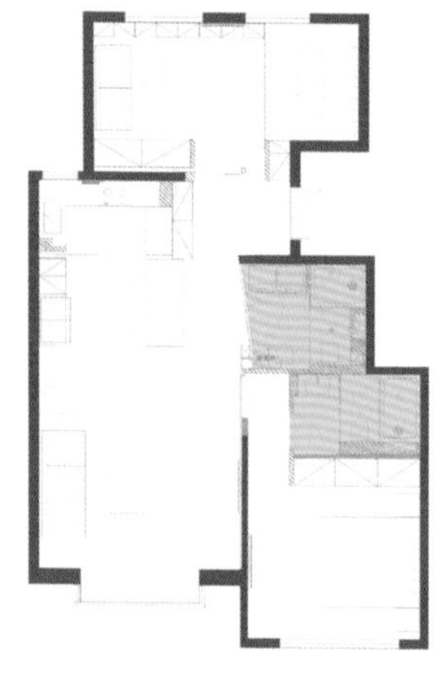

改造后的卫生间区域

1. 公共卫生间的复合功能

在传统户型中，公共卫生间的面积一般略小些。但在本案例中，夫妻俩对公共卫生间的功能需求较多，除了猫咪的如厕需求，最重要的是洗衣空间，需要充足的区域可以放下两台洗衣机。

基于以上问题，对两个卫生间进行了微调，适当增大了公共卫生间的面积，设计了充足的洗衣空间，合理规划出脏衣篮和熨烫区，最大限度地提升了使用的便利性。

2. 主卧卫生间的收纳与分区

比起公共卫生间功能的复合性，主卧卫生间的主要功能就是收纳以及日常清洁，用延长的盥洗盆台面制作一个薄的收纳柜子，收纳的同时上方台面还可以放置物品，超薄的尺寸刚好卡在淋浴间的门边，不会影响交通动线。除此之外，干湿分离的设计以及墙排式马桶避免了卫生死角，方便日后清洁使用。

暖心贴士

1. 关于厨房动线

规划厨房时需要注意烹饪顺序与操作流程，从冰箱拿取食材，洗、切、炒、装盘是一个系统的流程，减少流程中重复的动线可以让厨房空间更具条理性，用着更便利。最好提前布局，以免后续重新调整。

空间之中美观性并非首选，功能性一定要完备。防水、交通、储物、通风……强调细节定成败，舒适的厨房环境也能够改善用餐体验，提升幸福感。

2. 关于客厅无主灯设计

很多人都喜欢无主灯设计的客厅所营造出的氛围感，但实际动手时却又不知从何下手，在这里给大家总结几点客厅无主灯设计的注意事项。

① 筒灯分为嵌入式筒灯与明装式筒灯两种，像本案例这种层高不高的户型建议选择明装式筒灯，既可以满足无主灯设计又不用吊顶影响层高。

② 可以选择智能灯光，这样更便于分区控制和调整色温。

③ 选择可调角度的光源，这样既可以重点布光，也能够避免直照眼睛。

设计心得

住宅的空间设计受到建筑结构、楼龄、空间格局、层高、朝向等一系列的客观因素制约，同时也要遵守建筑规范、住宅设计标准、社会人文等一系列规定，当然还有居住的人口数量、年龄结构、居住需求、使用喜好等主观因素的要求。设计是不能够完全跳脱出这些框架胡来的，其实这也正是体现空间设计的巧妙性和魅力所在。就像足球比赛一样，如果没有了边界，球永远不会出界。没有了越位、没有了手球犯规、没有了任意球规则，大家想怎么踢就怎么踢，那这样的比赛就会毫无精彩性和观赏性了。正是有了规则的框架，才激发了创造性和技术性，才有了各种巧妙的战术配合，在瞬间就能产生出多种的变化性，我想这也正是足球吸引我们的最大魅力所在，设计亦是

1. 玄关设计千万别忘了这 8 点

① 玄关至少保留 1.2 m 宽的交通空间，这样可以保证担架有转弯的空间，关键时刻能救命。

② 玄关柜尽量做台面、装抽屉，方便收纳小物件。

③ 鞋柜要留透气孔，避免产生异味；鞋柜下面要留一排空隙，方便放置随脱随穿的鞋子；添加换鞋凳，方便穿、脱鞋。

④ 预留插座，方便使用烘鞋器、扫地机器人、简易熨烫机等。

⑤ 设计感应式辅助光源，避免摸黑换鞋。

⑥ 建议在玄关安装一键式开关，可一键断电，非常方便。

⑦ 有空间别忘加面穿衣镜，方便出门前整理仪容仪表，但注意不要正对着入户门。

⑧ 如果能在玄关处设计个储物间是最棒的，那么行李箱、婴儿车、快递箱就都有地方放了。

2. 小户型是否可以安装中央空调

有很多人认为小户型不适合安装中央空调，其实安装中央空调的条件跟面积大小无关，以现下的技术水平，小户型安装中央空调是可以选择针对性的解决方案的。

不过，以下两种情况不宜安装中央空调：

① 天花楼板是老式的穿孔型楼板，这种楼板的空洞结构可能会挂不住室内机。

② 电表功率过小，不足以支持中央空调的使用。

3. 小户型客厅要不要做吊顶

客厅做不做吊顶其实和空间大小没关系，主要还是和层高有关。要确保增加吊顶之后，不会产生压抑感，以免影响居住体验。

另外判断要不要做吊顶，还要从这些方面考虑：

① 是否有横梁、设备及管线需要隐藏。

② 是否要安装嵌入式灯具。

③ 实际层高和整体风格。

4. 开放式厨房到底要不要做，做的话要注意哪些方面

如何断定要不要做开放式厨房，可以从以下几点来判断：

① 是否需要一个客餐厨一体化的空间，是否注重空间的通透感？

② 是不是经常做爆炒的菜？

③ 在家里做饭的频率是不是特别高？

如果要做开放式厨房，要注意：

① 选侧吸的油烟机。

② 养成及时清洁的习惯。

③ 收纳空间充足，储物柜要多做封闭式的。

5. 卫生间里的尺寸有哪些

在整个户型中，有些空间内的尺寸是有固定标准的，比如，卫生间。以下是卫生间的基本尺寸，掌握了这些数据，能够保证卫生间装修不踩坑。

①马桶：距离对面墙壁最低 45 cm，是方便放腿的极限，两侧间距保证有 75 ~ 90 cm。

②洗漱：单盆需要预留 60 ~ 120 cm 的间距，双盆则需要 120 ~ 170 cm，活动空间要预留 70 cm。

③淋浴：淋浴区域最小的舒适度是 80 cm×100 cm 或是 90 cm×90 cm 的空间，花洒的高度为 2m，冷热水管间距 15 cm。

④其他：毛巾杆离地 110 ~ 130 cm、卫生纸架离地 65 ~ 70 cm、浴室置物架离地 140 ~ 150 cm、插座离地 130 cm。

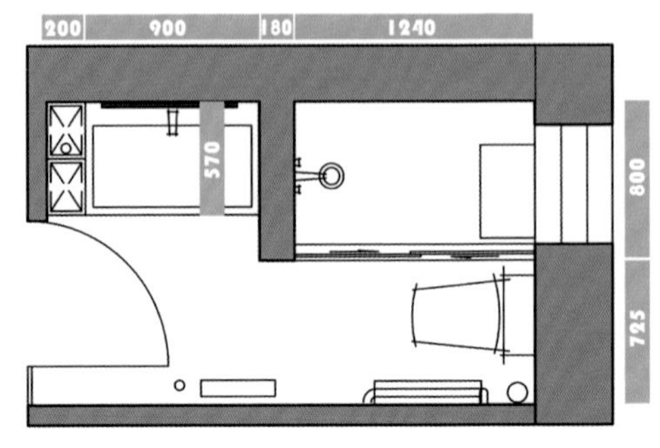

卫生间平面尺寸示意图

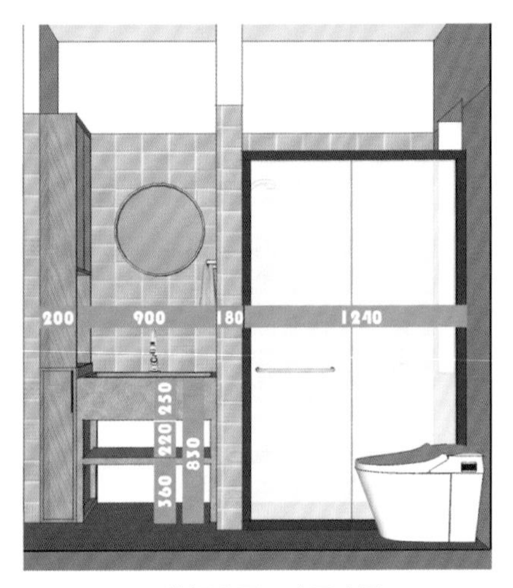

卫生间立面尺寸示意图

6. 卫生间的装修，重点到底在哪里

① 防水层：至少是两层，原因显而易见。

② 马桶和洗手盆下水：尽量墙排，减少卫生死角。

③ 隔音：隔音棉必不可少，不然会影响到睡眠质量。

④ 干湿分离：干湿分离并非大空间的专利，小空间也可以，不仅美观而且卫生。

⑤ 电路：马桶、洗手盆、镜前灯、电热水器等，这些地方都要留足插座。

⑥ 门：不要用纯实木的门，再好的实木材料时间一长也会受潮变形。

⑦ 地漏：除了淋浴区的地漏，干区也要留有备用地漏，以防万一。

当然，如果预算充足，那么建议尽量选择好的材质，尤其是洁具五金件等，不然非常影响使用体验，时间久了还会影响卫生和健康。

7. 如何收纳才最方便

能够做到以下两点的，就是合理的收纳：拿取方便、能够清楚记得物品位置。

听上去简单，做起来难，如果说到收纳，那就要说说收纳的底层逻辑：三维空间的利用；分门别类，一目了然；灵活可变。

大家发现，家里好用的收纳空间其实就那么几类：上墙收纳、层叠收纳、抽屉。

其中前两项利用了三维空间，如洞洞板、衣柜和橱柜里的搁板等，能够随时拿取物品，只需要一个动作即可完成，有效利用了上层空间。

抽屉，除了普通抽屉，还有一种从古至今都存在的收纳形式，那就是斗柜。斗柜可以看作是大抽屉的组合，物品可以分门别类储存，很容易记得东西放在了哪里。

而且合理的收纳还要够灵活，比如一直火爆的宜家小推车。

独立于上述这些逻辑之外的收纳，都是不可取的，容易令人又累又烦躁。

8. 装修的时候怎么安排插座位置才不会后悔

提到插座，搞过装修的人一定都懂。要想避免事后后悔，可以参考以下思路。一些必要的插座，包括但不限于用于空调、电视机、冰箱、壁挂炉、洗衣机、蒸烤箱等大中型家电的插座，插头部分倒着装更方便，还要注意不同的电器需要不同横截面积的电缆布线和插座面板。

① 床头柜、沙发、餐厅等日常随机使用的插座，可以考虑带USB或者Type-C的插座。

② 靠墙柜体、家具后的插座，要安装嵌入式隐藏插座，这样家具就能够严丝合缝地靠墙了。

③ 厨房的小电器很多，尽量安装带开关的插座，规避风险。当然，我更推荐可拆卸可移动的联排插座。

别嫌我啰唆，还有两点一定要注意：千万别忘了给智能马桶预留插座；厨房的灶台和水槽底下也要预留插座。

图书在版编目（CIP）数据

小户型设计那些事儿 / 王伟著 . -- 南京 : 江苏凤凰美术出版社 , 2023.10

ISBN 978-7-5741-1306-0

Ⅰ . ①小… Ⅱ . ①王… Ⅲ . ①住宅－室内装饰设计 Ⅳ . ① TU241

中国国家版本馆 CIP 数据核字 (2023) 第 180551 号

出版统筹　王林军
责任编辑　韩　冰
责任设计编辑　孙剑博
责任校对　王左佐
责任监印　唐　虎
特约审校　艾思奇　杨　畅

书　　名　小户型设计那些事儿
著　　者　王　伟
出版发行　江苏凤凰美术出版社（南京市湖南路1号　邮编：210009）
总 经 销　天津凤凰空间文化传媒有限公司
印　　刷　北京博海升彩色印刷有限公司
开　　本　710 mm × 1000 mm　1/16
印　　张　13
版　　次　2023年10月第1版　2023年10月第1次印刷
标准书号　ISBN　978-7-5741-1306-0
定　　价　79.80元

营销部电话　025-68155675　营销部地址　南京市湖南路1号
江苏凤凰美术出版社图书凡印装错误可向承印厂调换